3ds Max & Unreal Engine 4 VR三维建模技术实例教程

虚拟现实应用技术「十三五」规划教材

附VR模型

初树平 张翔 / 主编

人民邮电出版社

北京

图书在版编目（ＣＩＰ）数据

3ds MAX & Unreal Engine 4：VR三维建模技术实
例教程：附VR模型 / 初树平，张翔主编. -- 北京：人
民邮电出版社，2019.7
　　虚拟现实应用技术"十三五"规划教材
　　ISBN 978-7-115-50026-7

　　Ⅰ. ①3… Ⅱ. ①初… ②张… Ⅲ. ①虚拟现实—系统
建模—教材 Ⅳ. ①TP391.98

　　中国版本图书馆CIP数据核字(2018)第255011号

内 容 提 要

　　本书以培养虚拟现实应用技术专业的学生为目的。全书共 5 章，分别为 3ds Max 的安装与介绍、3ds Max 常用修改器、模型的骨骼搭建与绑定、VR 模型动画在 UE4 引擎中的搭建、VR 经典作品案例剖析。全书利用实例系统地讲解了虚拟现实建模技术与普通建模的区别。重点讲解了虚拟现实建模的关键技术、创建虚拟现实场景制作流程及三维模型的整体优化，针对传统的三维模型制作提出了改进的优化处理。本书从最基础的多边形建模开始到最后如何导入 UE4 引擎进行搭建与参数调整，逐一剖析，层层图解每一步骤的操作方法，让读者通过案例掌握虚拟现实技术一整套的制作流程。

　　本书既适合虚拟现实技术专业的学生学习使用，也适合对虚拟现实技术有兴趣的读者阅读参考。

◆ 主　　编　初树平　张　翔
　　责任编辑　刘　佳
　　责任印制　马振武

◆ 人民邮电出版社出版发行　　北京市丰台区成寿寺路 11 号
　　邮编　100164　　电子邮件　315@ptpress.com.cn
　　网址　http://www.ptpress.com.cn
　　固安县铭成印刷有限公司印刷

◆ 开本：787×1092　1/16
　　印张：17.25　　　　　　　　　　2019 年 7 月第 1 版
　　字数：550 千字　　　　　　2025 年 1 月河北第 10 次印刷

定价：54.00 元

读者服务热线：(010)81055256　印装质量热线：(010)81055316
反盗版热线：(010)81055315
广告经营许可证：京东市监广登字20170147号

前言 ⊙

Autodesk 3ds Max 2016 是由 Autodesk 公司基于 PC 系统开发的三维模型制作和动画渲染软件。3ds Max 强大的功能使其从诞生以来就一直受到 CG 艺术家的喜爱，被广泛应用于广告、影视、工业设计、建筑设计、三维动画、多媒体制作、游戏、虚拟现实及工程可视化等领域。3ds Max 在三维模型塑造、虚拟现实场景搭建、动画及特效等方面都能制作出高品质的对象，这也使其在插画、影视动画、游戏、产品造型和效果图等领域占据主导地位，成为全球最受欢迎的三维制作软件之一。

虚拟现实技术是在虚拟数字化空间中构建模拟真实世界中的事物，这需要一个逼真的数字模型，于是虚拟现实建模技术就产生了。虚拟现实与现实到底像不像，这与建模技术紧密相关。虚拟现实技术是 21 世纪高科技发展的一个重要方向。三维建模技术是虚拟现实中最重要的技术环节，也是整个虚拟现实"世界"建立的基础，是所有应用中的一个关键的步骤和技术。

本书对虚拟现实建模技术的模型制作进行实例剖析，利用实例系统地讲解虚拟现实建模技术与普通建模的区别与其特点。重点解析了虚拟现实建模的关键技术和创建虚拟现实场景的具体制作流程，并针对传统的三维模型制作提出了改进和优化处理方法。本书从最基础的多边形建模开始到最后导入 UE4 引擎并进行搭建与参数调整，逐一剖析，层层讲解每一步的操作方法，让读者通过案例了解虚拟现实建模技术一整套的制作流程，也详细阐述了虚拟现实场景中各个实体模型的制作过程，并对场景的集成和搭建进行了讲解，对在建模过程中遇到的问题进行了总结，并且提出了解决办法，对读者以后实现大规模的虚拟现实场景的构建具有较大的参考价值。

📖本书章节安排

第 1 章　初识 3ds Max 2016，主要向读者介绍 3ds Max 2016 的相关基本知识，包括它的历史、应用领域、安装操作和软件界面布局。利用样条线与多边形编辑器建立室内框架与简单的模型。

第 2 章　3ds Max 常用修改器，主要介绍了常用的车削、挤出、对称、涡轮平滑、FFD、壳、UVW 贴图，展开 UVW 修改器完成家装家具等物品模型的制作。

第 3 章　模型的骨骼搭建与绑定，介绍模型骨骼蒙皮的概念，如何将制作好的模型进行骨骼创建并且绑定，实现对模型的可动性进行控制。其中讲解了骨骼绑定模型的概念、骨骼的种类、骨骼在蒙皮中的应用、蒙皮编辑器的菜单与刚性蒙皮。对一些居家生活中可活动的部件例如衣柜的门、家中的窗户等进行制作与动画编辑。

第 4 章　VR 模型动画在 UE4 引擎中的搭建。在导入引擎前，需要对模型的材质 ID、光滑组及 UV 等进行设置，保证导入引擎的模型正确完整。在设计虚拟现实场景时所用到引擎部分的设置与参数调整，其中主要讲解了 UE4 引擎中模型的导入参数设置、UE4 引擎中场景元素的搭建、UE4 引擎中材质球的制作、UE4 引擎中环境灯光效果的设置等几个模块的制作方法与设计理念，并且以实例说明。

第 5 章　VR 经典作品案例剖析，从 VR 家装行业应用角度逐步分析案例中模型的制作、摆放的布局、灯光的布置及后期效果的调整，让读者能够了解 VR 家装行业开发的步骤与重要环节。

本书由初树平、张翔任主编。本书的编写过程中得到了天津尚游天科技有限公司的大力支持，在此表示感谢。

由于本书的知识面较广，编写难度较大，书中难免存在不足之处，恳请读者批评指正。

编者

2019 年 1 月

目录

第1章

3ds Max 的安装与介绍

3D Studio Max，常被简称为 3D Max 或 3ds Max，是 Discreet 公司开发的（后被 Autodesk 公司合并）基于 PC 系统的三维动画渲染和制作软件。其前身是基于 DOS 操作系统的 3D Studio 系列软件。在 Windows NT 出现以前，工业级的 CG 制作被 SGI 图形工作站所垄断。3D Studio Max + Windows NT 组合的出现降低了 CG 制作的门槛。最初，它被运用于电脑游戏中的动画制作，后来参与影视片的特效制作，例如《X 战警 II》、《最后的武士》等。在 Discreet 3ds Max 7 后，正式更名为 Autodesk 3ds Max。

3ds Max 的优势明显，制作过程简洁高效，可以使新用户快速上手，所以不要被它的命令群吓倒，只要操作思路清晰，上手是比较容易的。后续高版本的操作性也十分简便，有利于初学者学习。

3ds Max 还被广泛应用于广告、影视、工业设计、建筑设计、三维动画、多媒体制作、游戏、辅助教学及工程可视化等领域。

随着软件的更新，3ds Max 陆续出现多个版本，本书采用现阶段应用最为广泛且操作命令比较齐全的 2016 版本进行教学。

1.1 3ds Max 2016 的安装

3ds Max 对硬件系统的要求相对较低，如图 1-1-1 所示。

解决方案：

Autodesk 3ds Max 2016 软件支持以下 64 位操作系统和最小，系统需要具有以下硬件：64 位

软件	
操作系统	Microsoft ® Windows ® 7 (SP1)、Windows 8 和 Windows 8.1 Professional 操作系统
浏览器	Autodesk 建议使用最新版本的以下 Web 浏览器访问联机补充内容： • Apple ® Safari ® • Google Chrome ™ • Microsoft ® Internet Explorer • Mozilla ® Firefox ® *

硬件	
CPU	64 位 Intel ® 或 AMD ® 多核处理器
图形硬件	请参见 3ds Max 认证硬件 对于详细列表中推荐的系统和图形卡
RAM	4 GB RAM（建议使用 8 GB）
磁盘空间	6 GB 可用磁盘空间用于安装
定点设备	三键鼠标

图 1-1-1

安装步骤

通过网上资源可以下载 3ds Max 软件安装包，下载解压缩完成后，就可以进行软件安装了。具体操作如下。

（1）在安装文件中找到 图标，双击打开，系统自动初始化检测后出现如图 1-1-2 所示的安装界面。

（2）单击右下角 Install（安装）按钮进行安装。

（3）认真阅读 Autodesk 许可及服务协议后，单击选中右下角 I Accept（我同意）选项，并单击下方的 Next（下一步）按钮，进行下一步操作。

（4）请用户直接选择 I want to try this product for 30 days（我想试用这个产品 30 天）或者购买正版软件进行安装。然后单击下方 Next（下一步）按钮，如图 1-1-3 所示。

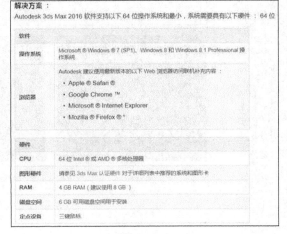

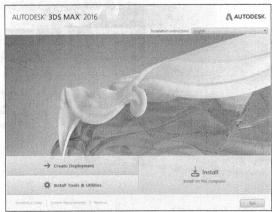

图 1-1-2

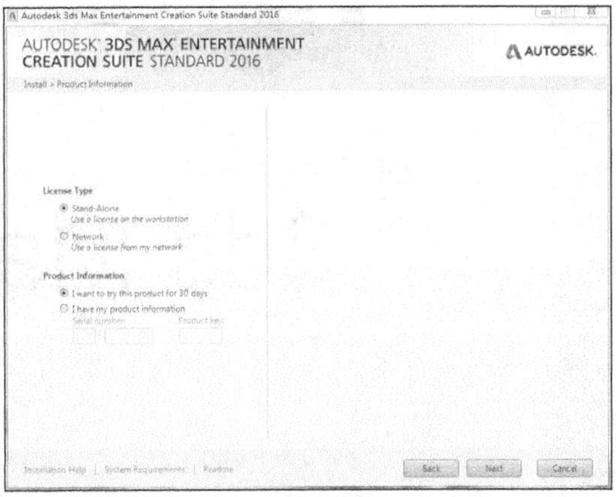

图 1-1-3

（5）程序会显示软件需要安装的相关程序并在左下角确定好 Installation path（安装路径），默认安装路径为 C:\Program Files\Autodest\，也可以单击 Browse...（浏览...）按钮，自主选择想要安装的位置。当设置好后，就可以单击 Install（安装）按钮进行安装了，如图 1-1-4 所示。

（6）等待系统自动安装软件程序，下方有安装进度，每个人的电脑配置不同，等待时间的长短也会有所不同，如图 1-1-5 所示。

图 1-1-4 　　　　　　　　　　　　　　　　　　图 1-1-5

（7）当各项程序都安装完成之后，系统会在程序名字前面画上绿色的勾表示此项安装成功，单击右下角 Finish（完成）按钮，如图 1-1-6 所示。

（8）通过桌面上的快捷方式 软件，启动 3ds Max，启动界面如图 1-1-7 所示。

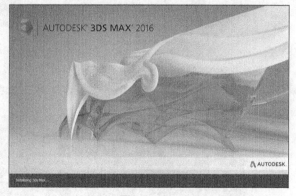

图 1-1-6 　　　　　　　　　　　　　　　　　　图 1-1-7

1.2　3ds Max 2016 的工作界面介绍

软件启动成功后，其工作界面如图 1-2-1 所示。

3ds Max 工作界面由菜单栏、工具栏、视图视口组成。视图视口默认分为 4 个：Top—顶视图，Front—前视图，Left—左视图，Perspective—透视图。当然还包括 Orthographic—平行视图、Bottom—底视图、Back—后视图、Right—右视图，这些视角都可以在每个视口中自由切换，方便观察操作。单击视口左上角的视角名称会弹出下拉菜单，选择不同的名称来改变视图，如图 1-2-2 所示。也可单击右上角的视角立方体来变换相应的视角，如图 1-2-3 所示。

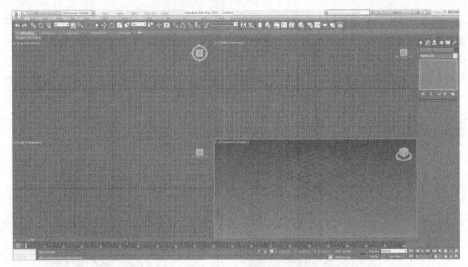

图 1-2-1

图 1-2-2

图 1-2-3

如果想在 3ds Max 中切换到单一视口进行操作，可以单击右下角的 Maximize Viewport Toggle（最大化视口切换）按钮，或者按组合键 Alt+W 放大选择窗口，如图 1-2-4 所示。

图 1-2-4

1.3　菜单栏及主要功能

菜单栏位于工作界面的顶端，如图 1-3-1 所示。

图 1-3-1

菜单栏主要包括以下菜单命令。

- Edit（编辑）：用于编辑场景对象。
- Tools（工具）：主要操作场景对象。
- Group（组）：对场景对象进行编组或解组。
- Views（视图）：用于控制视图的显示方式及设置视图的相关参数。
- Create（创建）：用于创建几何体、二维图形、灯光和粒子等对象。
- Modifiers（修改器）：用于为场景对象加载修改器。
- Animation（动画）：用于制作动画。
- Graph Editors（图形编辑器）：用图形化视图方式表达场景对象的关系。
- Rendering（渲染）：用于设置渲染参数及设置场景的环境效果。
- Civil View（一款内置插件）：可与各种土木设计应用程序（如 AutoCAD Civil 3D 软件）紧密集成，从而在设计更改时立即更新可视化模型。
- Customize（自定义）：用于更改用户界面及设置 3ds Max 的首选项。
- Scripting（脚本）：用于创建、打开和运行脚本。
- Help（帮助）：提供帮助信息，供用户参考学习。

1.3.1　编辑菜单

单击 Edit（编辑）菜单，打开下拉菜单，其中的命令常用于对象编辑。右侧为一些命令的快捷键，如图 1-3-2 所示。

图 1-3-2

　　如表 1-3-1 所示列出了编辑菜单中一些命令的快捷键，在运用软件时使用快捷键可有效减少操作量和制作时间，大大提高工作效率。

表 1-3-1

对应命令名称	快捷键
Undo（撤销）	Ctrl+Z
Redo（重做）	Ctrl+Y
Hold（暂存）	Ctrl+H
Fetch（取回）	Alt+Ctrl+F
Delete（删除）	Delete
Clone（克隆）	Ctrl+V
Move（移动）	W
Rotate（旋转）	E
Scale（缩放）	–
Placement（放置）	–
Transform Type-In（变换输入）	F12
Transform Toolbox（变换工具框）	–
Select All（全选）	Ctrl+A
Select None（全部不选）	Ctrl+D
Select Invert（反选）	Ctrl+I
Select Similar（选择类似对象）	Ctrl+Q
Select Instances（选择实例）	–
Select By（选择方式）	–
Selection Region（选择区域）	–
Manage Selection Sets（管理选择集）	–
Object Properties（对象属性）	

● Undo（撤销）：使用"撤销"命令可以恢复到最后一步操作之前一步操作完成后的状态。当打开场景开始制作时，系统会临时存储每一步操作步骤便于使用者返回。注意，如果关闭文件，则系统自动记忆的操作步骤会丢失；同样，打开场景后没有进行任何命令操作，系统没有收到任何操作命令也是没有临时存储的。所以，这两种情况下的撤销操作没有作用。系统最大撤销次数是有限制的，不可无限撤销。

● Redo（重做）："重做"命令是在使用"撤销"命令的基础上，想要回到被撤销的下一步操作上时使用的。"重做"命令最多可以回到使用"撤销"命令前的最后一步操作。注意，如果撤销后使用者进行了其他任何操作，系统中"重做"命令临时存储的信息会消失，也就无法进行重做了。

● Hold/Fetch（暂存/取回）：使用"暂存"命令可以将场景设置保存到基于硬盘的缓冲区，可存储的信息包括几何体、灯光、摄像机、视口配置及选择集。使用"取回"命令可以还原上一个"暂存"命令存储的缓冲内容。

● Delete（删除）：选择对象以后，执行"删除"命令或按 Delete 键可将其删除。

● Clone（克隆）：使用该命令可以创建对象的副本、实例或参考对象。

● Placement（放置）：与主工具栏中选择并放置命令一致，具体功能作用会在后面的主工具栏介绍中详细讲解。

● Transform Type-In（变换输入）：该命令可以用于精确设置移动、旋转、缩放变换的数值。

● Transform Toolbox（变换工具框）：执行该命令可以打开变换工具框菜单栏，如图 1-3-3 所示，以调整对象的旋转、缩放、定位及对象的轴心位置。

● Select All（全选）：该命令可以选择场景中的所有对象。

● Select None（全部不选）：该命令可以取消对场景中所有对象的选择。

● Select Invert（反选）："反选"命令可以在现有已经选择的基础上选择其他所有没有被选上的对象。

● Select Similar（选择类似对象）：该命令可以自动选择与当前选择对象类似的所有对象。类似对象是指这些对象位于同一层中，并且应用了相同的材质或不应用材质。

● Select Instances（选择实例）：执行该命令可以选择选定对象的所有实例化对象，如果对象没有实例或者选定了多个对象，则命令不可用。

● Select By（选择方式）：可以以名称、层、颜色 3 种方式选择对象。

● Object Properties（对象属性）：选择一个或多个对象以后，通过此命令可以查看和编辑对象的"常规""高级照明"、mental ray 和"用户定义"参数。

图 1-3-3

1.3.2　工具菜单

工具菜单主要包括对物体进行基本操作的常用命令，如图 1-3-4 所示。

图 1-3-4

工具菜单命令中英文对照如表 1-3-2 所示。

表 1-3-2

英文	中文
Scene Explorer...	场景资源管理器
Layer Explorer...	层资源管理器
Crease Explorer...	折缝资源管理器
All Global Explorers	所有全局资源管理器
Manage Local Explorers...	管理本地资源管理器
Local Scene Explorers	本地场景管理器
Containers	容器
Isolate Selection	孤立当前选择
End Isolate	结束隔离
Display Floater...	显示浮动框
Manage Scene States...	管理场景状态
Light Lister...	灯光列表
Mirror...	镜像
Array...	阵列
Align	对齐
Snapshot...	快照
Rename Objects...	重命名对象
Assign Vertex Colors...	指定顶点颜色
Color Clipboard...	颜色剪切板
Perspective Match...	透视匹配
Viewport Canvas...	视口画布
Preview-Grab Viewport	预览一抓取视口
Grids and Snaps	栅格和捕捉
Measure Distance...	测量距离
Channel Info...	通道信息
Mesh Inspector	网格检查器

工具菜单常用命令功能介绍如下。

• Isolate Selection（孤立当前选择）：当场景中对象物体较多的时候，无论是观察还是操作都会给用户带来一定的困扰，如图 1-3-5 所示。此时可以运用"孤立当前选择"命令，单独显示需要处理的对象，以便对它进行编辑，如图 1-3-6 所示。

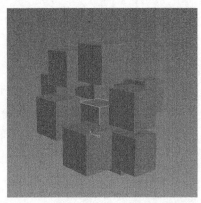

图 1-3-5

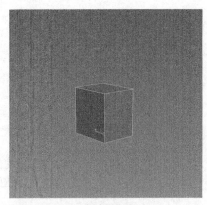

图 1-3-6

- End Isolate（结束隔离）："结束隔离"是与"孤立当前选择"相对应的操作命令，用于退出单独显示对象模式。
- Light Lister（灯光列表）：单击"灯光列表"命令可以打开对话框，里面包含了场景中所有的灯光数据。在列表中可以修改每个灯光的参数，进行整体调试，如图 1-3-7 所示。

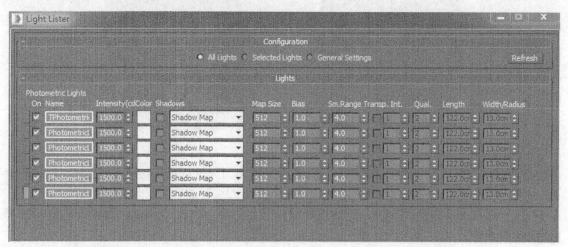

图 1-3-7

- Mirror（镜像）：单击"镜像"命令打开对话框，可以调节对象镜像的对称轴和复制本体，如图 1-3-8 所示。
- Array（阵列）：选择该命令后，打开"阵列"对话框，可以对对象物体进行阵列的参数调整和创建，如图 1-3-9 所示。

图 1-3-8

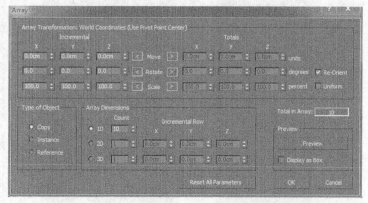

图 1-3-9

- Snapshot（快照）：选择该命令后，打开"快照"对话框，可以随时间复制动画对象，如图 1-3-10 所示。
- Rename Objects（重命名对象）：选择该命令后，打开"重命名对象"对话框，可以同时命名多个对象或者对命名进行排序，如图 1-3-11 所示。

图 1-3-10 图 1-3-11

- Assign Vertex Colors（指定顶点颜色）：选择该命令后，打开"指定顶点颜色"对话框，可以基于对象的材质和场景中的照明来指定顶点颜色，如图 1-3-12 所示。
- Color Clipboard（颜色剪贴板）：选择该命令后，打开"颜色剪贴板"对话框，可以保存或者导入需要的颜色色样，如图 1-3-13 所示。
- Perspective Match（透视匹配）：选择该命令后，打开"透视匹配"对话框，可以修改摄像机的位置、方向和视野用来与原始图片的摄像机相匹配，如图 1-3-14 所示。

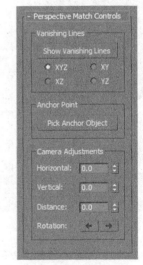

图 1-3-12 图 1-3-13 图 1-3-14

- Viewport Canvas（视口画布）：选择该命令后，打开"视口画布"对话框，如图 1-3-15 所示。此功能可以调节笔刷的大小和颜色，在对象上进行图案绘制，并保存到材质贴图中，效果如图 1-3-16 所示。

图 1-3-15

图 1-3-16

- Measure Distance（测量距离）：单击该命令，选择要测距的两端，可以快速计算出两点间的距离。测量结果会显示在状态栏中，如图 1-3-17 所示。

图 1-3-17

- Channel Info（通道信息）：选择该命令后，打开"通道信息"对话框，可以查看被选择对象的通道信息，如图 1-3-18 所示。

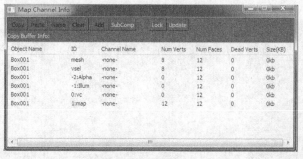

图 1-3-18

1.3.3　组菜单

组菜单主要包括一些将场景中的单独或多个对象编组或者将成组的对象拆分开的命令，单击该菜单，获得下拉菜单列表，如图 1-3-19 所示。

图 1-3-19

组菜单命令中英文对照如表 1-3-3 所示。

表 1-3-3

英文	中文
Group...	组
Ungroup	解组
Open	打开
Open Recursively	按递归方式打开
Close	关闭
Attach	附加
Detach	分离
Explode	炸开
Assembly	集合

组菜单常用命令功能介绍如下。

• Group（组）：选中想要编组的对象后，单击"组"命令，打开"组"对话框，如图 1-3-20 所示，确认后单击 OK 按钮完成成组操作。

• Ungroup（解组）：解散当前成组的对象，如果成组中的对象经过两次以上"组"命令操作，"解组"命令只能解除最后一次组命令。

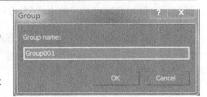

图 1-3-20

例：如图 1-3-21 所示，先对 Box001 和 Box002 执行"组"命令，并将组命名为 Group001。

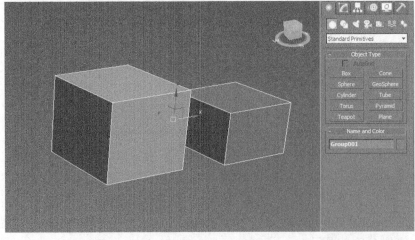

图 1-3-21

再对 Group001 和 Box003 执行"组"命令，将组命名为 Group002，如图 1-3-22 所示。

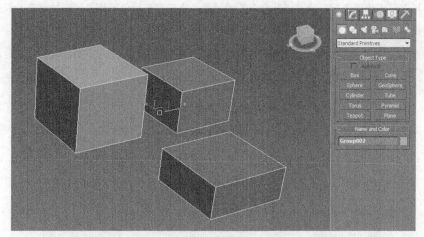

图 1-3-22

在对 Group002 执行"解组"命令后，出现 Group001 和 Box003 两个对象，如图 1-3-23 和图 1-3-24 所示。而 Group001 不会在这次"解组"命令中被解组。

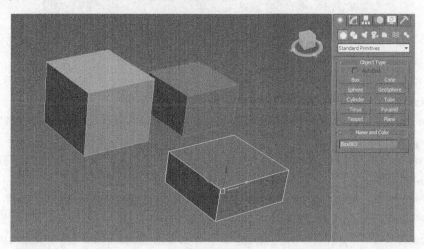

图 1-3-23

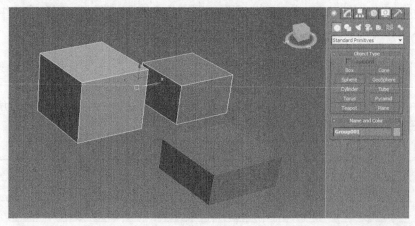

图 1-3-24

- Open（打开）："打开"命令可以暂时编辑组中的对象，和"解组"命令一样，如果对象经过两次以上的成组操作，那么只能编辑最近一次"组"命令前的对象。执行打开操作后组并没有被解开，只是可以对组中的对象进行单独编辑，如图 1-3-25 所示。

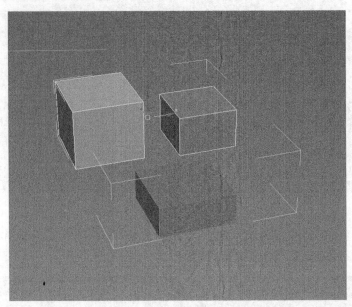

图 1-3-25

- Open Recursively（按递归方式打开）：与"打开"命令功能相似，不同的是，执行该命令后，无论对象之前被使用过几次"组"命令，都可以对组中的任意对象独立编辑。
- Close（关闭）：与"打开"和"按递归方式打开"命令相对应，该命令具有对组中对象单独编辑的功能。
- Attach（附加）：选中想要添加的对象，可以是多个，执行该命令，然后单击组对象，可以完成将独立对象添加到组中的操作。
- Detach（分离）："分离"命令与"附加"命令相对应，但是在使用前需要先执行"打开"命令或者"按递归方式打开"命令。选中组中单独的对象后，执行"分离"命令可以将对象物体从组中分离出来。
- Explode（炸开）："炸开"命令与"解组"命令相似，区别是无论对象之前被使用过几次"组"命令，都会被解除掉，使组中的所有对象都成为单独的个体。
- Assembly（集合）："集合"命令也可以当作"组"命令来使用，用于创建几何体和用作照明设备的灯光对象的组合，也可以使用"集合"命令来代表一盏灯及其灯源的容器。

1.3.4 视图菜单

视图菜单中的命令主要包括控制视图的显示方式及设置视图的相关参数等，如图 1-3-26 所示。

视图菜单命令的中英文对照如表 1-3-4 所示。

表 1-3-4

英文	中文
Undo View Change	撤销视图更改
Redo View Change	重做视图更改
Viewport Configuration...	视口配置

续表

英文	中文
Redraw All Views	重画所有视图
Set Active Viewport	设置活动视口
Save Active Perspective View	保存活动透视视图
Restore Active Perspective View	还原活动透视视图
ViewCube	视图导航
SteeringWheels	转向轮
Create Physical Camera From View	从视图创建物理摄像机
Create Standard Camera From View	从视图创建标准摄像机
Show Materials in Viewport As	视口中的材质显示为
Viewport Lighting and Shadows	视口照明和阴影
xView	统计相关显示
Viewport Background	视口背景
Show Transform Gizmo	显示变换
Show Ghosting	显示重影
Show Key Times	显示关键点时间
Shade Selected	明暗处理选定对象
Show Dependencies	显示从属关系
Update During Spinner Drag	微调器拖动期间更新
Progressive Display	渐进式显示
Expert Mode	专家模式

视口菜单主要命令介绍如下。

• Undo View Change（撤销视图更改）：可以取消对当前视图的最后一次更改。

• Redo View Change（重做视图更改）：取消当前视口中最后一次撤销的操作。

• Viewport Configuration（视口配置）：执行该命令可以打开"视口配置"对话框，如图 1-3-27 所示。能够设置视图的视觉样式外观、布局、安全框和显示性能等。

图 1-3-26

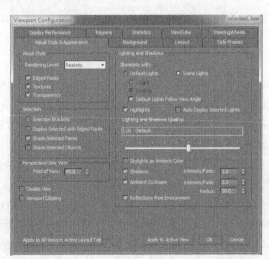

图 1-3-27

- Redraw All Views（重画所有视图）：可以刷新所有视图中的显示效果。
- Set Active Viewport（设置活动视口）：主要用于切换当前主视图视角。当鼠标指针放置于该命令上时会出现子菜单，如图 1-3-28 所示。
- Save Active Perspective View（保存活动透视视图）：此命令可以将活动视图储存到电脑缓存中。视图角度与选中视图的视角保持一致，当前选中视角为透视图，所以命令显示保存活动透视视图。
- Restore Active Perspective View（还原活动透视视图）：显示使用"保存活动透视视图"命令保存的视图角度。
- ViewCube（视图导航）：用于设置视图导航和主栅格属性。当鼠标指针放置于该命令上时会出现子菜单，如图 1-3-29 所示。
- SteeringWheels（转向轮）：用于在不同功能的轮子之间进行切换，并且可以更改当前轮子中的某些工具。当鼠标指针放置于该命令上时会出现子菜单，如图 1-3-30 所示。

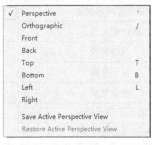
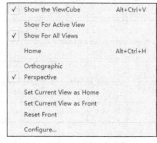

图 1-3-28　　　　　　　　图 1-3-29　　　　　　　　图 1-3-30

- Create Physical/Standard Camera From View（从视图创建物理/标准摄像机）：用于创建与当前视角相匹配的摄像机。
- Show Materials in Viewport As（视口中的材质显示为）：用于切换视口显示材质的方式。当鼠标指针放置于该命令上时会出现子菜单，如图 1-3-31 所示。
- Viewport Lighting and Shadows（视口照明和阴影）：用于设置灯光的照明与阴影。当鼠标指针放置于该命令上时会出现子菜单，如图 1-3-32 所示。

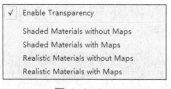

图 1-3-31　　　　　　　　　　　图 1-3-32

- xView（统计相关显示）：用于统计相关数据在视口中显示的功能。当鼠标指针放置于该命令上时会出现子菜单，如图 1-3-33 所示。
- Viewport Background（视口背景）：用于设置视口的背景，以便于使用者观察和操作。当鼠标指针放置于该命令上时会出现子菜单，如图 1-3-34 所示。
- Show Transform Gizmo（显示变换）：用于切换视口中坐标轴的显示和隐藏，效果如图 1-3-35 和图 1-3-36 所示。
- Show Ghosting（显示重影）：用于显示动画制作中对象的线框副本，方便调试操作。
- Show Key Times（显示关键点时间）：用于切换显示动画轨迹上的帧数。
- Shade Selected（明暗处理选定对象）：当视口设置为线框模式显示时，显示效果如图 1-3-37 所示，执行该命令可以将场景中的选定对象切换成以面着色的形式显示，效果如图 1-3-38 所示。

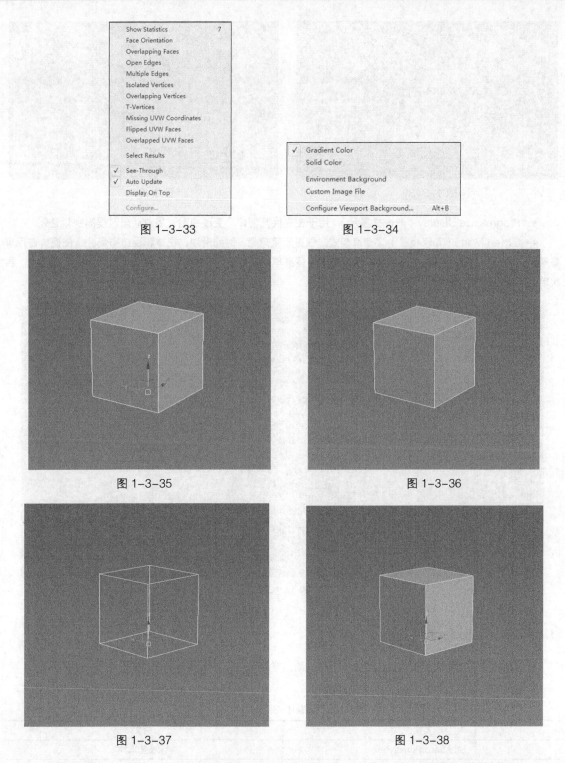

图 1-3-33

图 1-3-34

图 1-3-35

图 1-3-36

图 1-3-37

图 1-3-38

- Show Dependencies（显示从属关系）：在此命令处于关闭状态时，将选定对象切换到修改面板下不会有变化，如图 1-3-39 所示。如果开启此命令，切换到修改面板下，选定对象会呈现高亮显示，如图 1-3-40 所示。

- Update During Spinner Drag（微调器拖动期间更新）：可以在视口中实时更新显示效果。

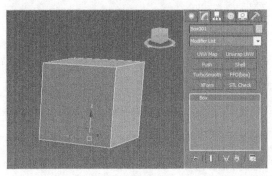
图 1-3-39

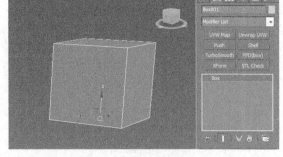
图 1-3-40

- Progressive Display（渐进式显示）：用于在变换几何体、更改视图、播放动画时提高视口性能。
- Expert Mode（专家模式）："专家模式" 仅显示菜单栏、时间滑块、视口和视口布局，是使视口占用屏幕最大化的一种方法，如图 1-3-41 所示。由于许多菜单栏被省去了，所以适合操作比较熟练的人群使用。再次单击 "专家模式" 命令可切换回标准界面。

图 1-3-41

1.3.5 创建菜单

创建菜单主要功能是用来创建几何体、线框、动力学组件、灯光、摄影机等，如图 1-3-42 所示。创建菜单命令中英文对照如表 1-3-5 所示。

表 1-3-5

英文	中文
Standard Primitives	标准基本体
Extended Primitives	扩展基本体
AEC Objects	AEC 对象
Compound	复合
Particles	粒子
Patch Grids	面片栅格

英文	中文
NURBS	非均匀有理 B 样条
Point Cloud	点云
Dynamics	动力学
Mental ray	渲染器
Shapes	图形
Extended Shapes	扩展图形
Lights	灯光
Cameras	摄影机
Helpers	辅助对象
SpaceWarps	空间扭曲
Systems	系统

"创建"菜单中所包含的对象种类比较多，且分布在不同模块中，所以在后续的对应模块中进行详细讲解。

图 1-3-42

1.3.6　修改器菜单

修改器菜单中主要包括了模型、UV、动画及其他类型所有的修改器，如图 1-3-43 所示。

图 1-3-43

修改器操作命令中英文对照如表 1-3-6 所示。

表 1-3-6

英文	中文
Selection Modifiers	选择修改器
Patch/Spline Editing	面片/样条线编辑
Mesh Editing	网格编辑
Conversion	转化
Animation	动画
Cloth	布料
Hair and Fur	毛发
UV Coordinates	UV 坐标
Cache Tools	缓存工具
Subdivision Surfaces	细分曲面
Free Form Deformers	自由形式变形器
Parametric Deformers	参数化变形器
Surface	曲面
NURBS Editing	NURBS 编辑
Radiosity	光能传递
Cameras	摄影机

修改器菜单中所包含的对象种类比较多，且分布在不同模块中，所以将在后续的对应模块中进行详细讲解。

1.3.7 动画菜单

动画菜单中所包含的是用来制作动画的一些功能，包括解算器、控制器、创建骨骼、动力学等，如图 1-3-44 所示。

图 1-3-44

动画菜单命令中英文对照如表 1-3-7 所示。

表 1-3-7

英文	中文
Load Animation...	加载动画
Save Animation...	保存动画
IK Solvers	IK 解算器
Constraints	约束
Transform Controllers	变换控制器
Position Controllers	位置控制器
Rotation Controllers	旋转控制器
Scale Controllers	缩放控制器
CAT	骨骼系统
MassFX	动力学系统
Parameter Editor...	参数编辑器
Parameter Collector...	参数收集器
Wire Parameters	连线参数
Animation Layers...	动画层
Reaction Manager...	反应管理器
Bone Tools...	骨骼工具
Set as Skin Pose	设为蒙皮姿势
Assume Skin Pose	采用蒙皮姿势
Skin Pose Mode	蒙皮姿势模式
Toggle Limits	切换限制
Delete Selected Animation	删除选定动画
Populate	填充
Walkthrough Assistant	穿行助手
Autodesk Animation Store	欧特克动画商店

动画菜单中的命令将在后面的章节中进行讲解。

1.3.8　图形编辑器菜单

图形编辑器菜单中包括轨迹视图和图解视图，如图 1-3-45 所示。轨迹视图提供两种基于图形的不同编辑器，用于查看和修改场景中的动画数据。另外，还可以使用轨迹视图来指定动画控制器，以便插补或控制场景中对象的所有关键点和参数。图解视图是基于节点的场景图，通过它可以访问对象属性、材质、控制器、修改器、层次和不可见场景关系，如连线参数和实例。

图形编辑器菜单命令中英文对照如表 1-3-8 所示。

图 1-3-45

表 1-3-8

英文	中文
Track View–Curve Editor...	轨迹视图—曲线编辑器
Track View–Dope Sheet...	轨迹视图—摄影表
New Track View...	新建轨迹视图
Delete Track View...	删除轨迹视图
Saved Track Views	保存的轨迹视图
New Schematic View...	新建图解视图
Delete Schematic View...	删除图解视图
Saved Schematic Views	保存的图解视图
Particle View	粒子视图
Motion Mixer...	运动混合器

1.4 主工具栏及功能

主工具栏中包含了一些最常用的工具、功能按钮，可以快速访问 3ds Max 中的编辑命令，进行相关操作，如图 1-4-1 所示。

图 1-4-1

撤销/重做

选择并链接

断开当前选择链接

绑定到空间扭曲

选择过滤器列表

All：全部　Geometry：几何体　Shapes：图形

Lights：灯光　Cameras：摄像机　Helpers：辅助对象

Warps：扭曲　Combos...：组合...　Bone：骨骼

IK Chain Object：IK 链对象　Point：点　CAT Bone：CAT 骨骼

选择对象

按名称选择

选择区域

部分工具按钮右下角有小三角形，当按住图标时就会弹出下拉工具列表，按住并拖动就可以选择扩展栏里的其他按钮了。

扩展栏中按钮分别依次为：矩形选择区域、圆形选择区域、围栏选择区域、套索选择区域、绘制选择区域。

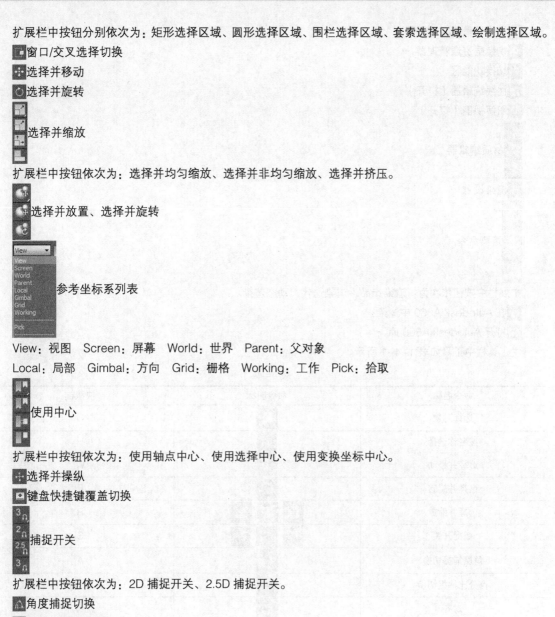

窗口/交叉选择切换

选择并移动

选择并旋转

选择并缩放

扩展栏中按钮依次为：选择并均匀缩放、选择并非均匀缩放、选择并挤压。

选择并放置、选择并旋转

参考坐标系列表

View：视图　Screen：屏幕　World：世界　Parent：父对象

Local：局部　Gimbal：方向　Grid：栅格　Working：工作　Pick：拾取

使用中心

扩展栏中按钮依次为：使用轴点中心、使用选择中心、使用变换坐标中心。

选择并操纵

键盘快捷键覆盖切换

捕捉开关

扩展栏中按钮依次为：2D 捕捉开关、2.5D 捕捉开关。

角度捕捉切换

百分比捕捉切换

微调器捕捉切换

编辑命名选择集

命名选择集

镜像

对齐命令

扩展栏中按钮依次为：对齐、快速对齐、法线对齐、放置高光、对齐摄像机、对齐到视图。

切换场景资源管理器

切换层资源管理器

切换功能区

曲线编辑器（打开）

图解视图（打开）

材质编辑器

渲染设置

渲染命令

扩展栏中按钮依次为：渲染产品、渲染迭代、动态渲染。

在 Autodesk A360 中渲染

打开 Autodesk A360 库

主工具栏中工具如表 1-4-1 所示。

表 1-4-1

命令名称	命令图标	快捷键
选择对象		Q
按名称选择		H
选择并移动		W
选择并旋转		E
选择并缩放		R
捕捉开关		S
角度捕捉切换		A
百分比捕捉切换		Shift+Ctrl+P
对齐		Alt+A
快速对齐		Shift+A
法线对齐		Alt+N
放置高光		Ctrl+H
材质编辑器		M
渲染设置		F10
渲染命令		F9

1.4.1　创建与断开父子链接功能

使用工具栏中的选择并链接和取消链接选择，创建和移除对象之间的父子链接，定义它们之间的层次关系。

1. 链接对象

在主工具栏中单击 Select and Link（选择并链接）按钮，使命令切换到激活状态，如图 1-4-2 所示。选择一个或多个物体作为子对象，然后将链接光标拖至单个父对象上结束，即所有选定对象都成为了父对象的子对象，如图 1-4-3 所示。

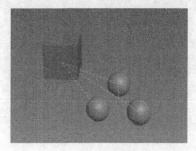

图 1-4-2　　　　　　　　　　　　　　　图 1-4-3

链接对象后，应用于父对象的所有变换都将同样应用于其子对象。只能父级物体带动子级物体，而子级物体的变化不会影响到父级物体。如图 1-4-4 所示，作为父对象的矩形沿 Y 轴旋转一定角度，成为子物体的 3 个球体也沿 Y 轴旋转了相同角度。而如果旋转作为子物体的 3 个球体，矩形不会发生变化，如图 1-4-5 所示。

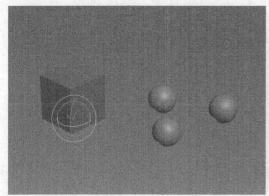
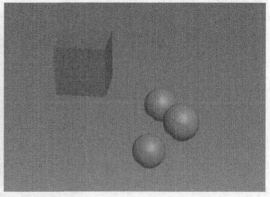

图 1-4-4　　　　　　　　　　　　　　　　　　图 1-4-5

2. 断开当前选择链接

若想要断开父子链接时，选中要脱离链接的子对象，单击 Unlink Selection（断开当前选择链接）按钮即可移除从选定对象到它们的父对象的链接。如果链接层中有多个子对象时，可以选中一个或多个单独断开，不影响选定外的任何子对象。通过双击父对象以选择该对象及其全部子对象，然后单击 Unlink Selection（断开当前选择链接）按钮，可迅速取消链接整个层次。

1.4.2　过滤器

使用 Selection Filter（选择过滤器列表）功能，可以控制选择工具选择的单一对象类型或者多个对象组合。

如图 1-4-6 所示，如果选择 Geometry（几何体），则使用选择工具只能选择几何体，其他对象不会被选择或者受到命令响应。这在批量选择特定类型的对象或者过滤不需要选择的对象类型时非常有用，也是冻结所有其他对象的实用快捷方式。

如果想要同时选择两个或者更多种对象类型，可以选择列表中的 Combos...（组合...）命令，弹出 Filter Combinations（过滤器组合）对话框，如图 1-4-7 所示。这样就可以任意添加想要选择的对象类型了。

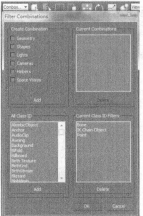

图 1-4-6   图 1-4-7

1.4.3   物体大纲列表

单击 Select by Name（按名称选择）按钮，弹出 Select From Scene（从场景选择）面板，我们也称它为物体大纲列表，如图 1-4-8 所示。

图 1-4-8

物体大纲列表可以很直观地了解场景中包含的所有元素、类别以及数量，也可以查看隐藏的对象和冻结的对象。双击物体大纲列表中的对象名称，就可以在场景中快速选中相应目标。如果要选择多个目标，可以在列表中按住 Ctrl 键进行加选或按住 Alt 键进行减选，也可按住 Shift 键依次单击首尾的两个对象名称，然后单击 OK 按钮即可。

选择相应对象。需要注意的是，物体大纲列表虽然可以显示对象名称，但不可以直接编辑。

1.4.4   设置选择区域

选择区域是一次性选择多个物体的操作指令，可以依照对象分布区域的不同，选择适合的选择区域图形。

矩形选择区域：最常用的选择区域，为矩形，如图 1-4-9 所示。

圆形选择区域：适合选择分布在呈圆形区域里的对象，如图 1-4-10 所示。

围栏选择区域：适合选择分布在简单异形区域里的对象，为线段围合型，如图 1-4-11 所示。

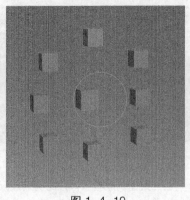

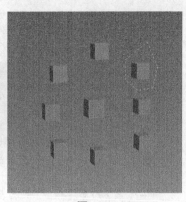

图 1-4-9　　　　　　　　　　图 1-4-10　　　　　　　　　　图 1-4-11

套索选择区域：相对于围栏选择区域，套索适合较为复杂的异形区域，用自由线条圈选想要的形状区域，如图 1-4-12 所示。

绘制选择区域：用面的形式绘制出想要选择的区域，那么在这个绘制面中的所有可选取对象都可能被选择，如图 1-4-13 所示。

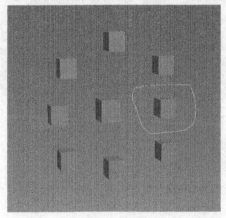

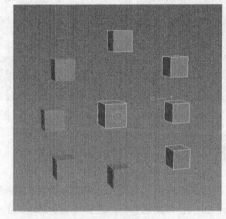

图 1-4-12　　　　　　　　　　　　　　　　图 1-4-13

1.4.5　移动旋转缩放的参考数值

在运用移动、旋转、缩放功能时，手动拖曳只能以选取对象自身或者场景中其他对象为参照物，用眼睛作为标尺来估测。这样可以满足一些情况的要求，但是如果要以一个比较精确的数值为基准来操作的话，那就很难达到高精度的效果了。所以可以通过输入想要的数值来得到精确的效果。

移动：要使对象在某一个轴向上移动固定的一段距离，可以右键单击主功能栏上的 Select and Move（选择并移动）工具，调取出 Move Transform Type-In（移动变换输入）命令栏。命令栏左侧为 Absolute:World（绝对：世界），右侧为 Offset:World（偏移：世界），如图 1-4-14 所示。使用 Offset:World（偏移：世界）栏，在相应的 X、Y、Z 轴的输入栏中输入想要移动的距离，按 Enter 键或者单击界面空白区域即可完成输入操作。

旋转：要使对象在某一个轴向上旋转固定角度，可以右键单击主功能栏上的 Select and Rotate（选择并旋转）工具，调取出 Rotate Transform Type-In（旋转变换输入）命令栏。命令栏也分为左右两侧不同命令，如图 1-4-15 所示。使用 Offset:World（偏移：世界）栏，在相应的 X、Y、Z 轴的输入栏中输入想要旋转的角度，按 Enter 键或者单击界面空白区域即可完成输入操作。

图 1-4-14

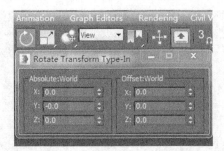

图 1-4-15

缩放：要使对象在某一个轴向上缩放固定比例或者整体按比例缩放以及挤压，要先选取对应的缩放方式，如 Select and Uniform Scale（选择并均匀缩放）、Select and Non-uniform Scale（选择并非均匀缩放）、Select and Squash（选择并挤压），然后右键单击主功能栏上相应的工具，调取出命令栏，如图 1-4-16～图 1-4-18 所示。在 Offset:World（偏移：世界）选项组中的输入栏中输入想要缩放的比例值，按 Enter 键或者单击软件空白区域即可完成输入操作。

图 1-4-16

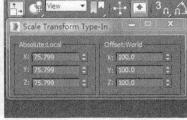

图 1-4-17

图 1-4-18

1.4.6　设置物体捕捉功能

物体捕捉功能用于创建和变换对象或子对象期间捕捉现有几何体的特定部分。也可以捕捉栅格、切换、中点、轴点、面中心和其他选项，当切换级别时所选的模式维持其状态。

1. 2D 捕捉

光标仅捕捉活动构造栅格，包括该栅格平面上的任何几何体。将忽略 Z 轴或垂直尺寸。

2. 2.5D 捕捉

光标仅捕捉活动栅格上对象投影的顶点或边缘。假设创建一个栅格对象并使其激活，然后定位栅格对象，以便透过栅格看到 3D 空间中远处的立方体。现在使用 2.5D 设置，可以在远处立方体上从顶点到顶点捕捉一行，但该行绘制在活动栅格上。效果就像举起一片玻璃并且在其上绘制远处对象的轮廓。

3. 3D 捕捉

这是默认工具。光标直接捕捉到 3D 空间中的任何几何体，3D 捕捉用于创建和移动所有尺寸的几何体，而不考虑构造平面。

单击 Snaps Toggle（捕捉开关）切换到开始捕捉模式，右键单击该功能可显示 Grid and Snap Settings（栅格和捕捉设置）对话框，其中可以更改捕捉类别和设置其他选项，如图 1-4-19 所示。

图 1-4-19

（1）第一栏为 Snaps（捕捉）设置栏，包括以下几项。

Grid Points：栅格点　　　Grid Lines：栅格线

Pivot：轴心　　　　　　Bounding Box：边界框

Perpendicular：垂足　　　Tangent：切点

Vertex：顶点　　　　　　Endpoint：端点

Edge/Segment：边/线段　Midpoint：中点

Face：面　　　　　　　　Center Face：中心面

（2）第二栏为 Options（选项）设置栏，如图 1-4-20 所示，包括以下几项。

Display（显示）：可调节捕捉提示点的大小，禁用时，捕捉仍然起作用，但捕捉光标不显示。

Snap Preview Radius（捕捉预览半径）：设置用于实际发生之前预览捕捉半径的大小。

Snap Radius（捕捉半径）：设置确定实际捕捉发生的半径大小。

Angle（角度）：设置角度捕捉每次旋转的最小度数。

Percent（百分比）：设置百分比捕捉需要的缩放变换百分比增量。

Snap to frozen objects（捕捉到冻结对象）：对于捕捉是否可作用于被冻结对象的切换。

Enable Axis Constraints（启动轴约束）：切换单轴向捕捉或者多轴向同时捕捉。

Display rubber band（显示橡皮筋）：当启用此选项并且移动一个选择时，在原始位置和鼠标位置之间显示橡皮筋线。微调模型时，使用该可视化辅助可提高精确度。默认设置为启用。

（3）第三栏为 Home Grid（主栅格）设置栏，如图 1-4-21 所示，包括以下几项。

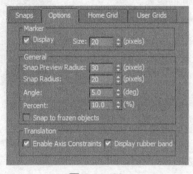
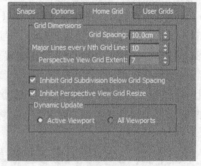

图 1-4-20　　　　　　　　　　　　　　　图 1-4-21

Grid Spacing（栅格间距）：栅格间距是栅格的最小方形的大小。使用微调器可调整间距（使用当前单位），或直接输入值。

Major Lines every Nth Grid Line（每 N 条栅格线有一条主线）：主栅格显示更暗或"主"线以标记栅格方形的组。使用微调器调整该值，它是主线之间的方形栅格数，或可以直接输入该值，最小为 2。

Perspective View Grid Extent（透视视图栅格范围）：设置透视图中的主栅格大小。该值根据"栅格间距"值指定，并且该值表示沿轴的栅格的一半长度。

Inhibit Grid Subdivision Below Grid Spacing（禁止低于栅格间距的栅格细分）：在主栅格上放大时，使 3ds Max 将栅格视为一组固定的线。实际上，栅格在栅格间距设置处停止。如果保持缩放，固定栅格将从视图中丢失。不影响缩小，当缩小时，主栅格不确定扩展以保持主栅格细分。默认设置为启用。

Inhibit Perspective View Grid Resize（禁止透视视图栅格调整大小）：当放大或缩小时，3ds Max 将"透视"视口中的栅格视为一组固定的线。实际上，无论缩放多大多小，栅格都将保持一个大小。默认设置为启用。

Active Viewport（活动视口）：当更改"栅格间距"和"每 N 条栅格线有一条主线"的值时，只更新活动视口。切换之后，其他视口才进行更新。

All Viewports（所有视口）：选择"所有视口"可在更改值时更新所有视口。

（4）第四栏为 User Grids（用户栅格）设置栏，如图 1-4-22 所示，包括以下几项。

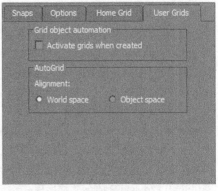

Activate grids when created（创建栅格时将其激活）：启用该选项可自动激活创建的栅格。如果没启用，则通过选择栅格，然后右键单击并选择"激活栅格"可以激活该栅格。

World space（世界空间）、Object space（对象空间）：使用"自动栅格"可以在对象的表面上自动创建栅格。世界空间将栅格与世界空间对齐，对象空间将栅格与对象空间对齐。

图 1-4-22

1.4.7 镜像功能使用方法

选中要进行镜像操作的对象，确定好中心坐标轴的位置，然后单击 Mirror（镜像）命令，可以弹出 Mirror：World Coordinate（镜像：世界 坐标）设置栏，如图 1-4-23 所示，包括以下几项。

Transform（变换）：使用新的镜像方式，它可以利用当前参考坐标系设置进行匹配镜像；使用旧的镜像方法，它只能参考世界空间坐标进行镜像。

Mirror Axis（镜像轴）：选择选定对象进行镜像操作的变换轴向，X、Y、Z 为单轴向镜像，XY、YZ、ZX 为双轴向镜像。

Offset（偏移）：指定镜像对称轴距原始对称轴位置之间的距离。

No Clone（不克隆）、Copy（复制）、Instance（实例）、Reference（参考）：不克隆为在不制作副本的情况下，镜像选定对象。复制为将选定对象的副本镜像到指定位置。实例为将选定对象的实例镜像到指定位置。参考为将选定对象的参考镜像到指定位置。

Mirror IK Limits（镜像 IK 限制）：围绕一个轴镜像选定对象，会导致镜像 IK 约束（与物体一起镜像）。如果不希望 IK 约束受"镜像"命令的影响，请禁用此选项。

图 1-4-23

1.4.8 物体目标对齐的使用方法

对齐可以将当前选择与目标选择在位置上进行对齐。首先选择需要对齐的对象，单击 Align（对齐）命令，然后选择被对齐的参照物对象，弹出 Align Selection（对齐当前选择）设置栏，如图 1-4-24 所示，在需要对齐的单轴或多个轴的轴向前，勾选 X Position（X 位置）、Y Position（Y 位置）、Z Position（Z 位置）选项。在 Current Object（当前对象）和 Target Object（目标对象）中都分别有 Minimum（最小）、Center（中心）、Pivot Point（轴点）、Maximum（最大）四个选项。

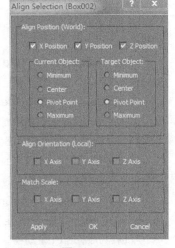

Minimum（最小）：将具有最小 X、Y 和 Z 值的对象边界框上的点与另一个对象上选定的点对齐。

Center（中心）：将对象边界框的中心与另一个对象上的选定点对齐。

Pivot Point（轴点）：将对象的轴点与另一个对象上的选定点对齐。

Maximum（最大）：将具有最大 X、Y 和 Z 值的对象边界框上的点与另一个对象上的选定点对齐。

设置好选项后单击 OK（确定）按钮完成操作。

图 1-4-24

1.4.9 物体层资源管理器显示表

层资源管理器是一种显示层及其关联对象和属性的"场景资源管理器"模式。用户可以使用它来创建、删除和嵌套层，以及在层之间移动对象。还可以查看和编辑场景中所有层的设置，以及与其相关联的对象。使用此对话框，可以指定光能传递解决方案中的名称、可见性、渲染性、颜色以及对象和层的包含。

在主操作栏中选择 Toggle Layer Explorer（切换层资源管理器）命令，打开 Scene Explorer–Layer Explorer（场景资源管理器—层资源管理器）窗口，如图 1-4-25 所示。

在该窗口中，对象在层次列表中按层组织，可以分别展开或折叠各个层的对象列表。要展开或折叠一个层及其所有子层，可以在按住 Ctrl 键的同时单击箭头图标。要展开层并选择层及其内容，双击该层的名称即可。另外，在"层资源管理器"右键菜单中也可打开一个或多个高亮显示对象或层的"对象属性"对话框和"层属性"对话框。

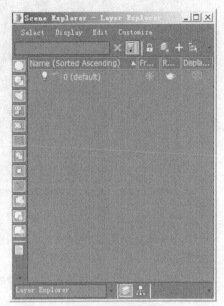

图 1-4-25

1.4.10 曲线编辑器

曲线编辑器是一种轨迹视图模式，可用于处理在图形上表示为函数曲线的运动。使用它，可以查看运动的插值：3ds Max 在关键帧之间创建的对象变换。使用曲线上的关键点及其切线控制柄，可以轻松查看和控制场景中各个对象的运动和动画效果。替代模式为摄影表，用于直接使用关键点而不是曲线。如图 1-4-26 所示。

图 1-4-26

1.4.11 场景图解显示表

图解视图显示浮动框可以控制希望看到和使用的实体以及实体间的关系。使用图解视图可浏览拥有大量对象的复杂层次或场景。使用图解视图有助于理解别人创建的文件的结构，如图 1-4-27 所示。

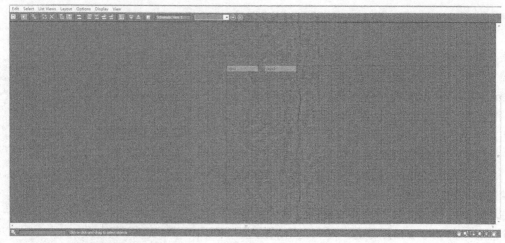

图 1-4-27

列表视图是其强大功能之一，可以用来迅速浏览那些极其复杂的场景。在文本列表中查看节点，并根据规则进行排序。

在图解视图中使用关系或实例查看器可查看场景中的灯光包含或参数关联，以控制实例的显示或查看对象出现列表。

图解视图也可以使用背景图像或栅格，并根据物理场景的摆放自动排列节点。这使排列角色装备节点更为容易。

在各种排列选项中，用户可以选择自动排列或使用自由模式。

节点布局可以用命名后的图解视图窗口保存。也可以加载一个背景图像作为窗口中布局节点的模板。

1.4.12 材质编辑器

材质编辑器提供创建和编辑材质以及贴图的功能。材质使场景具有真实感。材质详细描述对象如何反射或透射灯光。材质属性与灯光属性相辅相成；明暗处理或渲染将两者合并，用于模拟对象在真实世界设置下的情况。材质可以应用到单个的对象或选择集，而一个场景中可以包含多种不同的材质。如图 1-4-28 所示。

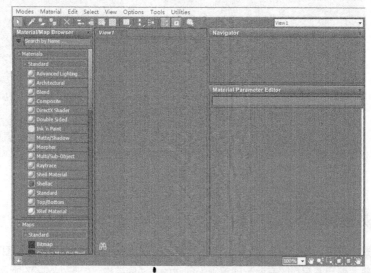

图 1-4-28

精简材质编辑器：它是一个相当小的对话框，其中包含各种材质的快速预览。如果用户要指定已经设计好的材质，此时，精简材质编辑器会是一个实用的界面。

Slate 材质编辑器：Slate 材质编辑器是一个较大的对话框，在其中，材质和贴图显示为可以关联在一起以创建材质树的节点。如果用户要设计新材质，则板岩材质编辑器尤其有用，它的搜索工具可以帮助管理具有大量材质的场景。如图 1-4-29 所示。

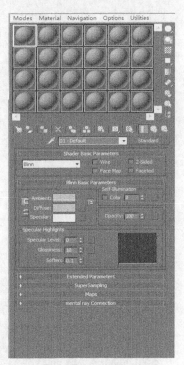

图 1-4-29

1.4.13　渲染编辑器

渲染编辑器可以基于 3D 场景创建 2D 图像或动画，使用所设置的灯光、所应用的材质及环境设置（如背景和大气）为场景中的几何体着色。

每个渲染器都具有独特而不同的功能。用户可以基于这些功能确定希望用于每个场景的渲染器。最好使用特定渲染器设计材质。根据激活的渲染器，会显示其他面板。在渲染器部分中对渲染器特定的控制进行了说明。其他渲染器可能作为第三方插件组件提供。

在渲染设置编辑器顶部有一些控制选项，可应用于所有渲染器。如图 1-4-30 所示。

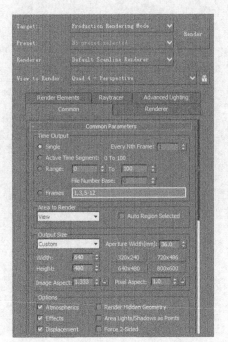

图 1-4-30

1.4.14　实例制作——室内框架

下面来实例制作一个室内框架。

首先确定好室内的布局结构，以方便后面制作模型。也可以参考现成的平面图来制作，如图 1-4-31 所示。

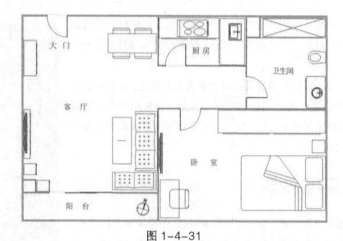

图 1-4-31

具体操作步骤如下。

（1）创建 Box001（盒子），将 Length（长度）设置为 600cm、Width（宽度）设置为 1000cm、Height（高度）设置为 250cm，用它作为房间的整体，如图 1-4-32 所示。

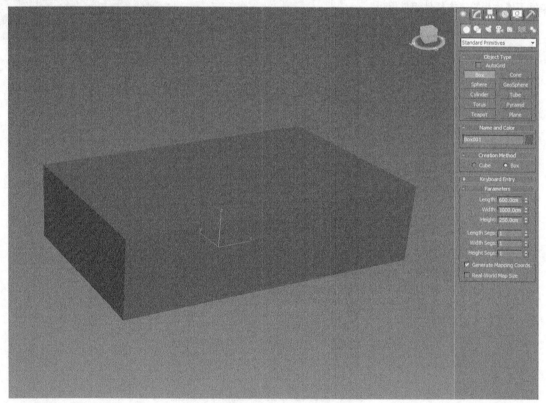

图 1-4-32

（2）创建 Box002（盒子 002），将 Length（长度）设置为 360cm、Width（宽度）设置为 10cm、Height（高度）设置为 250cm，作为室内的墙壁，如图 1-4-33 所示。在顶视图中把 Box002 按照房型图移动到相应的位置，按 F3 键可切换到线框模式，再按 F3 键回到线面模式，如图 1-4-34 所示。

运用对齐功能将 Box002 的一端与 Box001 对齐，如图 1-4-35 所示。再切换到前视图中，使 Box002 与 Box001 的高度对齐，如图 1-4-36 所示。

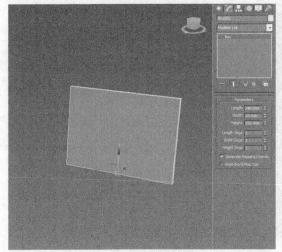

图 1-4-33　　　　　　　　　　　　　　　图 1-4-34

图 1-4-35　　　　　　　　　　　　　　　图 1-4-36

（3）创建 Box003、Box004、Box005、Box006，尺寸设置如图 1-4-37 所示。

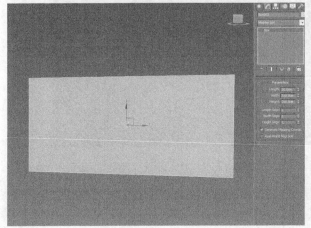

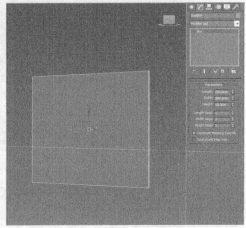

Box 003 Length（长）10cm　　　　　　　　　Box 004 Length（长）250cm
Width（宽）530cm　　　　　　　　　　　Width（宽）260cm
Height（高）250cm　　　　　　　　　　　Height（高）10cm

图 1-4-37

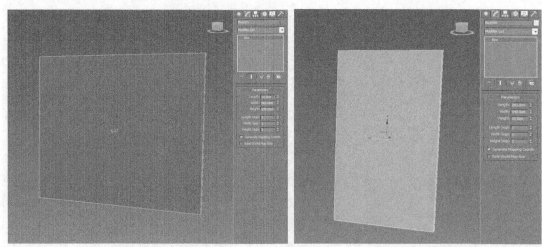

Box 005 Length（长）10cm
Width（宽）285cm
Height（高）250cm

Box 006 Length（长）250cm
Width（宽）140cm
Height（高）10cm

图 1-4-37（续）

（4）按照房型平面图将 Box 003、Box 004、Box 005、Box 006 移动到相应的位置，并且在顶视图、前视图和左视图中对齐，如图 1-4-38 所示。

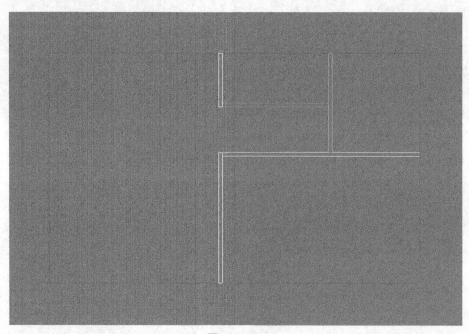

图 1-4-38

1.5 工作面板概述

　　场景对象的操作都可以在工作面板中完成。默认情况下，工作面板在 3ds Max 窗口的右侧（如图 1-5-1 所示），由 6 个界面面板组成，使用这些面板可以实现 3ds Max 的大多数建模功能，以及一些动画功能。在操作过程中，每次只有一个面板可见，要切换至不同的面板，单击面板顶部的标签即可。

图 1-5-1

1.5.1　创建基本物体

创建面板提供用于创建对象的控件。这是在 3ds Max 中构建新场景的第一步。在该面板中可以创建 7 种对象：几何体、图形、灯光、摄影机、辅助对象、空间扭曲、系统。如图 1-5-2 所示。

下面分别介绍它们的基本功能。

图 1-5-2

几何体：包含场景中的可渲染对象，包括基本体（如长方体、球体和四棱锥）、更高级的几何体（如布尔、放样、粒子系统以及门与楼梯）、AEC 扩展对象（如地形和栏杆）。

图形：样条线或 NURBS 曲线。虽然这些图形在 2D 空间（如矩形图形）或 3D 空间（如螺旋线）中存在，但是它们只有一个局部维度。这里的图形主要用于构建其他对象（如放样）或运动轨迹。

灯光：用于照亮场景，增加其逼真感。灯光有很多种，每一种都在模拟现实世界中的灯光。

摄影机：摄影机在标准视口的视图上所具有的优势是它类似于现实世界中的摄影机，并且可以对摄影机位置设置动画。

辅助对象：有助于构建场景，可以帮助用户定位、测量场景的可渲染几何体，以及设置其动画。

空间扭曲：在围绕其他对象的空间中产生各种不同的扭曲效果。一些空间扭曲专用于粒子系统。

系统：将对象、控制器和层次组合在一起，提供与某种行为关联的几何体。也包含模拟场景中的阳光和日光系统。

1.5.2　视图窗口

从创建面板中添加对象到场景中后，通常会使用到修改面板，进入目标对象的不同层级，更改对象的原始参数。下面分别进行介绍。

顶点：访问顶点子对象层级，可选中光标下的顶点；区域选择可选中区域中的顶点。

边：访问"边"子对象层级，可选中光标下的多边形的边；区域选择可选中区域中的多条边。

边界：访问"边界"子对象层级，可选中构成网格中孔洞边框的一系列边。边界只由相连的边组成，只有一侧的边上有面，且边界总是构成完整的环形。例如，默认的长方体基本体没有边界，但是"茶壶"对象有多个边界：壶盖、壶身、壶嘴上各有一个，壶柄上有两个。如果创建一个圆柱体，然后删除一端，则这一端的一条边会形成一个边界。

当边界子对象层级处于活动状态时，不能选择边框中的边。单击边界上的单个边会选择整个边界。用户可以用封口功能或通过应用补洞修改器将边界封上。另外，还可以使用连接复合对象连接对象之间的边界。"边"与"边界"子对象层级兼容，所以可在二者之间切换，将保留所有现有选择。

多边形：访问"多边形"子对象层级，选择光标下的多边形。区域选择选中区域中的多个多边形。

元素：访问"元素"子对象层级，通过它可以选择对象中所有相邻的多边形。区域选择用于选择多个元素。"多边形"与"元素"子对象层级兼容，所以可在二者之间切换，将保留所有现有选择。

在每一个对象层级中都有对应的修改命令与参数设定。

1.5.3 创建加载修改器

单击 Modifier List（修改器列表）命令打开修改器列表下拉菜单，如图 1-5-3 和图 1-5-4 所示。

使用修改器可以塑形和编辑对象，用以更改对象的几何形状及其属性。应用于对象的修改器将存储在堆栈中，如图 1-5-5 所示。

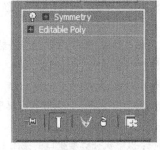

| 图 1-5-3 | 图 1-5-4 | 图 1-5-5 |

通过在堆栈中上下导航，可以更改修改器的效果，或者选中堆栈中的修改器命令单击鼠标右键，选择 Delete（删除）命令将其从对象中移除。或者可以选择 Collapse To（塌陷当前选择）、Collapse All（塌陷所有）命令，使更改一直生效，如图 1-5-6 所示。

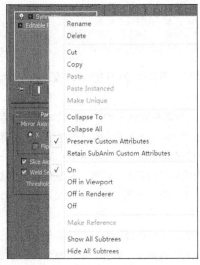

图 1-5-6

1.5.4 层次面板

通过层次面板可以访问用来调整对象间层次链接的工具。层次面板有 3 个选项卡：Pivot（轴）、IK（反向动力学）和 Link Info（链接）。

Pivot（轴）选项卡用来调整层次中的对象的轴点，以及定义对象之间的父子关系和反向动力学 IK 的关节位置等，如图 1-5-7 所示；IK 选项卡用来设置动画的相关属性参数，管理反向运动学（IK）的行为，如图 1-5-8 所示；Link Info（链接）选项卡锁定或继承应用于层次中的移动，如图 1-5-9 所示。

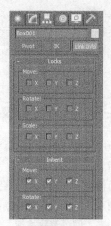

图 1-5-7　　　　　　　　图 1-5-8　　　　　　　　图 1-5-9

1.5.5　运动面板

运动面板提供用于调整选定对象运动的工具。

Parameters（参数）面板用来指定动画控制器。如果指定的动画控制器具有参数，则在"运动"面板中显示其他卷展栏。如果"路径约束"指定给对象的位置轨迹，则"路径参数"卷展栏将添加到"运动"面板中。"链接"约束显示"链接参数"卷展栏，"位置 XYZ"控制器显示"位置 XYZ 参数"卷展栏，等等，如图 1-5-10 所示。

Trajectories（轨迹）面板可绘制对象在视口中穿行的路径。路径沿线的黄点代表帧，提供速度和缓和程度。启用"子对象关键点"，将以一定间距移动，可以更改关键点属性、轨迹等反映用户所做的所有调整。也可以使用轨迹来回转换样条线及塌陷变换，如图 1-5-11 所示。

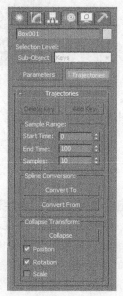

图 1-5-10　　　　　　　　　　图 1-5-11

1.5.6 显示面板

显示面板可以隐藏或取消隐藏对象、冻结或解冻对象、改变其显示特性、加速视口显示以及简化建模步骤。

显示面板包括 Display Color（显示颜色）、Hide by Category（按类别隐藏）、Hide（隐藏）、Freeze（冻结）、Display Properties（显示属性）、Link Display（链接显示）等选项组，如图 1-5-12 所示。

1.5.7 实用程序面板

实用程序面板中可以访问各种工具程序，包括一些用于管理和调用的命令和菜单栏，如图 1-5-13 所示。

在实用程序面板上，单击 more（更多）按钮，可增加按钮总数，但不会覆盖现有工具按钮，将工具列表中的工具名称拖动到工具组框中的按钮，即可指定按钮；将它们拖动到左侧的工具列表，便可清除按钮。

实用程序面板，可以自定义按钮集而不进行保存，也可以使用新名称保存新按钮集。

图 1-5-12

图 1-5-13

1.5.8 实例制作——室内门窗

具体操作步骤如下。

1. 制作门

首先制作门，效果如图 1-5-14 所示。具体操作步骤如下。

（1）普通门的规格为 2100mm×880mm×30mm。创建 Box001，将 Length（长度）设置为 3cm、Width（宽度）设置为 88cm、Height（高度）设置为 210cm，如图 1-5-15 所示。

（2）在多边形被选中的情况下，单击鼠标右键打开菜单，单击 Convert To:（转换为：）选项，弹出下拉菜单，选择 Covert to Editable Poly（转换为可编辑的多边形）命令，如图 1-5-16 所示，即可对 Box001 的点、线、面进行编辑和操作。

（3）进入多边形的编辑边模式，选中上边缘或下边缘中的任意一条线，按快捷组合键 Alt+R 选中环形线，如图 1-5-17 所示。

图 1-5-14　　　　　　　　　　　　　　　　　　　图 1-5-15

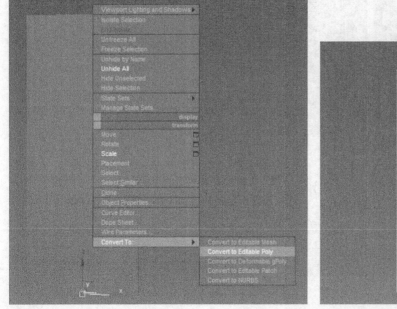

图 1-5-16

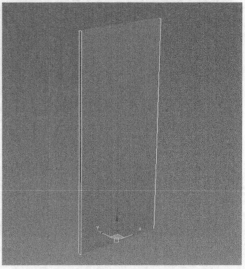

图 1-5-17

（4）使用图形编辑器 Edit Edges（编辑边）命令栏下的 Connect（连接）命令，将 Segments（分段）设置为 2，Pinch（收缩）设置为 50，如图 1-5-18 所示，单击 按钮完成操作。

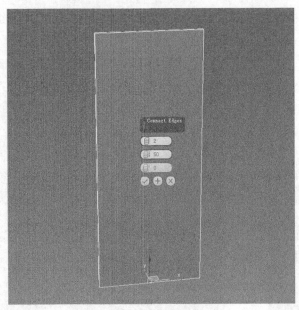

图 1-5-18

（5）选中左边缘或右边缘，按快捷组合键 Alt+R 选中环形线，如图 1-5-19 所示。使用 Connect（连接）命令，将 Segments（分段）设置为 4，Pinch（收缩）设置为 25，如图 1-5-20 所示。单击☑按钮完成操作。完成操作后被选中的线，通过图形编辑器 Edit Edges（编辑边）命令栏下的 Chamfer（切角）命令，将 Edge Chamfer Amount（边切角量）设置为 17.5cm，如图 1-5-21 所示，同样单击☑按钮完成操作。

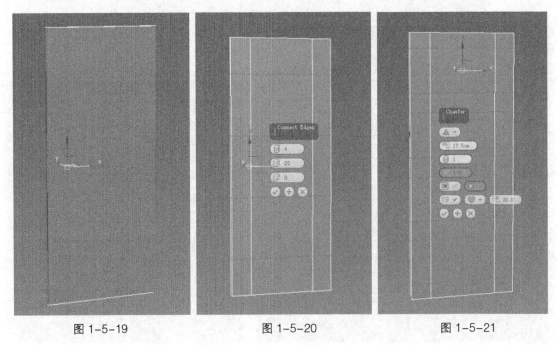

图 1-5-19　　　　　　图 1-5-20　　　　　　图 1-5-21

（6）观察效果图，进入多边形的面编辑模式，选中有凸起结构的面，如图 1-5-22 所示。使用图形编辑器 Edit Polygons（编辑多边形）命令栏下的 Extrude（挤出）命令，将 Height（挤出高度）设置为 0.5cm，挤出一个高度，如图 1-5-23 所示。

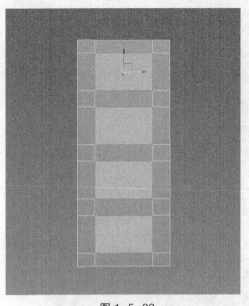

图 1-5-22

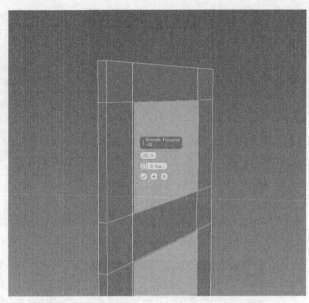

图 1-5-23

（7）继续使用被选中的面，单击图形编辑器 Edit Polygons（编辑多边形）命令栏下的 Inset（插入）命令，将数值设置为 1.7cm，如图 1-5-24 所示。

（8）使用 Extrude（挤出）命令，将数值设置为-0.5cm，凹陷下去一个深度。如图 1-5-25 所示。当使用该命令时，高度值设置为正数值，则结构表现为凸出的形态；高度值设置为负数值，则结构表现为凹陷的形态。

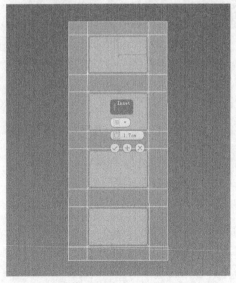

图 1-5-24

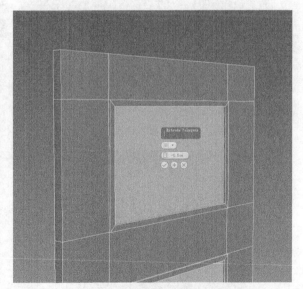

图 1-5-25

（9）使用 Inset（插入）命令，将数值设置为 1.5cm，如图 1-5-26 所示。

（10）使用 Extrude（挤出）命令，将数值设置为 0.5cm，如图 1-5-27 所示。

（11）使用 Inset（插入）命令，将数值设置为 0.5cm，如图 1-5-28 所示。

（12）使被选中面在 Y 轴方向上移动-0.5cm，如图 1-5-29 所示。当移动的距离数值为正数时，目标对象会沿着轴向方向移动；当移动的距离数值为负数时，目标对象会沿着轴向的逆方向移动。

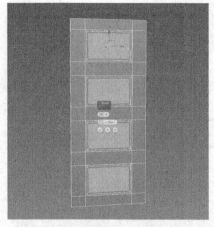
图 1-5-26

图 1-5-27

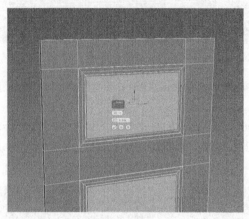
图 1-5-28

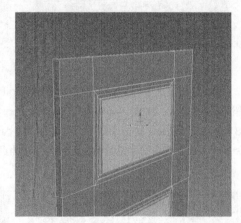
图 1-5-29

（13）制作完成，最终模型效果如图 1-5-30 所示。

2. 制作窗户

接下来制作窗户，如图 1-5-31 所示。

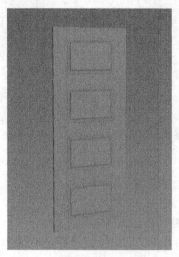
图 1-5-30

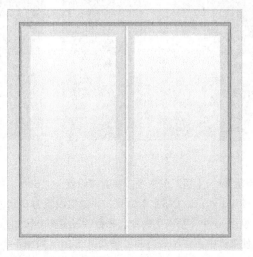
图 1-5-31

（1）窗户的规格一般为 1300mm×650mm×70mm。创建 Box001，将 Length（长度）设置为 7cm、Width（宽度）设置为 65cm、Height（高度）设置为 130cm，如图 1-5-32 所示。

（2）在多边形被选中的情况下，单击鼠标右键打开功能栏，将光标移至 Convert To:（转换为：）选项，弹出下拉菜单，选择 Covert to Editable Poly（转换为可编辑的多边形）命令，如图 1-5-33 所示。

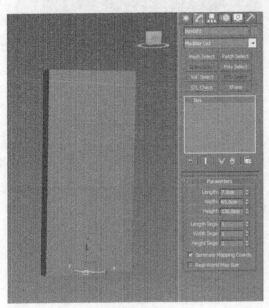

图 1-5-32

图 1-5-33

（3）进入多边形的编辑边模式，选中上边缘或下边缘中的任意一条线，按快捷组合键 Alt+R 选中环形线，如图 1-5-34 所示。使用图形编辑器 Edit Edges（编辑边）命令栏下的 Connect（连接）命令，将 Segments（分段）设置为 2、Pinch（收缩）设置为 74，单击 按钮完成操作，如图 1-5-35 所示。

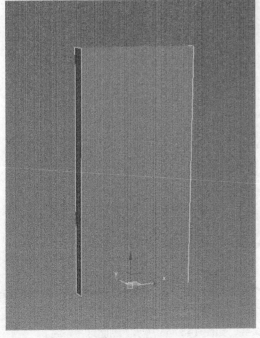

图 1-5-34

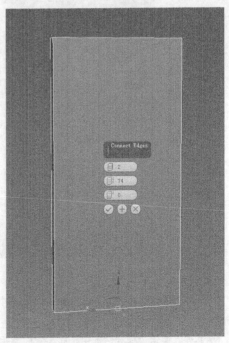

图 1-5-35

（4）选中左边缘或右边缘中的任意一条线，按快捷组合键 Alt+R 选中环形线，如图 1-5-36 所示。使用图形编辑器 Edit Edges（编辑边）命令栏下的 Connect（连接）命令，将 Segments（分段）设置为 2、Pinch（收缩）设置为 88，单击 ✅ 按钮完成操作，如图 1-5-37 所示。

图 1-5-36

图 1-5-37

（5）修改每个角的布线，让它看起来更合理。进入图形编辑器 Edit Vertex（编辑点）操作模式，选中正面左上角两个点，如图 1-5-38 所示。单击命令栏下的 Connect（连接）命令或者使用快捷组合键 Ctrl+Shift+E，在两个选中点间连接一条线，如图 1-5-39 所示。

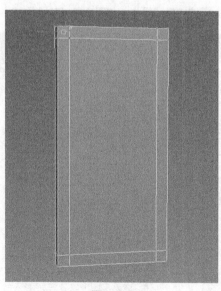

图 1-5-38

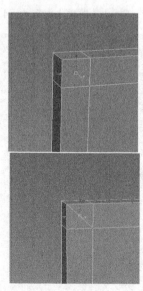

图 1-5-39

（6）将视角转到模型的背面，选择右上角对称位置的两个点，如图 1-5-40 所示。在选中的两个点间连接一条线。

（7）进入编辑边模式，选中正面与背面点相连的两条线，如图 1-5-41 所示。删除这两条线。

（8）将其他 3 个顶角都执行（5）～（7）的操作，完成后效果如图 1-5-42 所示。

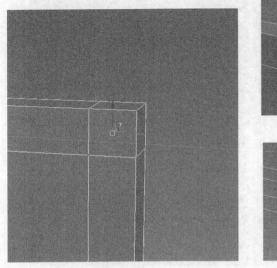

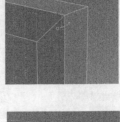

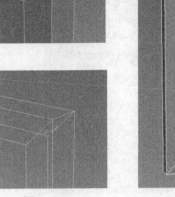

图 1-5-40　　　　　　　　　　　图 1-5-41　　　　　　　　　　　图 1-5-42

（9）进入编辑面模式，选中正面中心的面和背面中心的面，如图 1-5-43 所示。单击图形编辑器中的
Extrude（挤压）命令，将 Height（高度）设为-2.0cm，面形成凹陷状态，单击 ✅ 按钮确认修改，如图
1-5-44 所示。

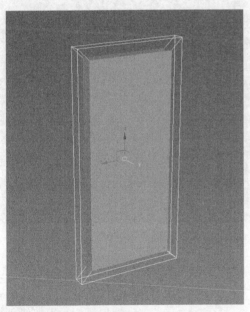

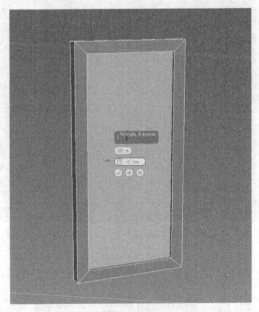

图 1-5-43　　　　　　　　　　　　　　　　　　图 1-5-44

（10）选中正面边框上的面和反面边框上的面，如图 1-5-45 所示。单击图形编辑器中的 Inset（插入）命
令，将 Amount（数量）调整到 1cm，单击 ✅ 按钮确认修改，如图 1-5-46 所示。

（11）单独操作正面被选中的面，在 Y 轴方向上移动-1cm，如图 1-5-47 所示。同样，选中背面镜像位
置的面，在 Y 轴方向上移动 1cm。

（12）现在一扇窗户已经做好了，复制它并使用 Snaps Toggle（捕捉开关）功能，将左侧窗户的最右端与
右侧窗户的最左端对齐，如图 1-5-48 所示。那么，窗户就制作完成了。

图 1-5-45

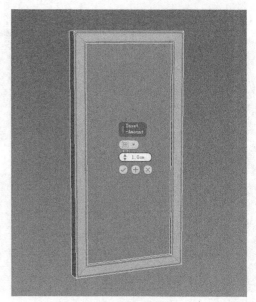

图 1-5-46

图 1-5-47

图 1-5-48

通过扫描二维码可以观察引擎中门窗模型的效果。

1.5.9 实例制作——书桌

书桌

本节来制作一个书桌。完成后的书桌如图 1-5-49 所示。

具体操作步骤如下。

（1）创建 Box001，将 Length（长度）设置为 60cm、Width（宽度）设置为 120cm、Height（高度）设置为 2.2cm，如图 1-5-50 所示。

（2）创建 Box002，将 Length（长度）设置为 60cm、Width（宽度）设置为 2.2cm、Height（高度）设置为 70cm。

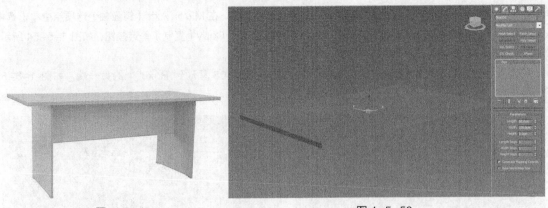

图 1-5-49　　　　　　　　　　　　　　图 1-5-50

（3）开启 Snaps Toggle（捕捉开关），右击空白处，打开 Grid and Snap Settings（栅格和捕捉设置）对话框，在 Snaps（捕捉）选项卡中勾选 Vertex（点）复选框，当前页中的其他选项都取消选择，如图 1-5-51 所示。

（4）进入 Front（前）视图，使用捕捉将 Box002 移动到如图 1-5-52 所示的位置。

图 1-5-51　　　　　　　　　　　　　　图 1-5-52

（5）关闭捕捉开关，在选中 Box002 的情况下，单击 Align（对齐）命令，选取要对齐的对象 Box001，弹出 Align Selection（对齐选择）对话框，在 Align Position（对齐方向）选项组中勾选 Y Position（Y 轴方向）复选框，在 Current Object（当前目标）选项组和 Target Object（目标对象）选项组中都勾选 Center（中心）复选框，最后点击 OK 按钮确认修改，如图 1-5-53 所示。

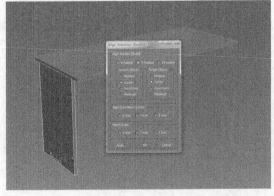

图 1-5-53

（6）选中 Box002，单击 Mirror（镜像）命令，弹出对话框，在 Mirror Axis（镜像轴）选项组中单击选中 X 单选按钮，在 Clone Selection（克隆选择）选项组中单击选中 Copy（复制）单选按钮，如图 1-5-54 所示，单击 OK 按钮确认修改。

（7）在镜像操作后会出现 Box003，使用捕捉功能将 Box003 移动到 Box001 的另一端，如图 1-5-55 所示。

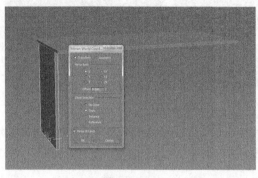

图 1-5-54   图 1-5-55

（8）将 Box002 在 X 轴方向上移动 22.5cm，Box003 在 X 轴方向上移动-22.5cm，结果如图 1-5-56 所示。

（9）创建 Box004，设置 Length（长度）为 2.2cm、Width（宽度）为 100.6cm、Height（高度）为 40cm。选中 Box004，单击 Align（对齐）命令，弹出对话框，在 Align Position（对齐方向）选项组单击选中 X 轴、Y 轴、Z 轴复选框，在 Current Object（当前对象）和 Target Object（目标对象）选项组都选中 Center（中心）单选按钮，如图 1-5-57 所示，单击 OK 按钮确认修改。

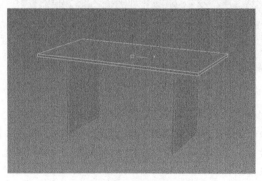
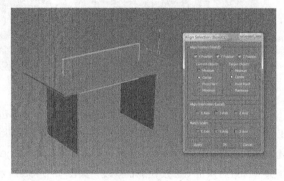

图 1-5-56   图 1-5-57

（10）单击 Snaps Toggle（捕捉开关）命令，将 Box004 移动到桌板下方位置，结果如图 1-5-58 所示。书桌制作完成。

图 1-5-58

1.5.10　实例制作——圆凳

本节学习制作圆凳，式样如图 1-5-59 所示。

具体操作步骤如下。

（1）创建圆柱体 Cylinder001，将 Radius（半径）设置为 17.5cm、Height（高度）设置为 2cm、Height Segments（高度分段）设置为 1、Cap Segments（截面分段）设置为 1、Sides（边）设置为 36，效果如图 1-5-60 所示。

圆凳

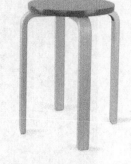

图 1-5-59

（2）创建 Box001，将 Length（长度）设置为 6cm、Width（宽度）设置为 2cm、Height（高度）设置为 50cm。单击 Covert to Editable Poly（转换为可编辑的多边形）命令，进入边编辑模式。选择任意一条侧边，使用快捷组合键 Alt+R 选择 4 条侧边，如图 1-5-61 所示。

（3）单击图形编辑器中的 Connect（连接）命令，参数设置如图 1-5-62 所示。

图 1-5-60

图 1-5-61

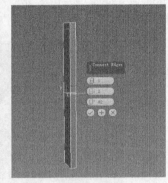

图 1-5-62

（4）进入面编辑模式。选择图 1-5-63 所示的面，单击图形编辑器中的 Extrude（挤出）命令，将 Height（高度）设置为 12cm，效果如图 1-5-64 所示。

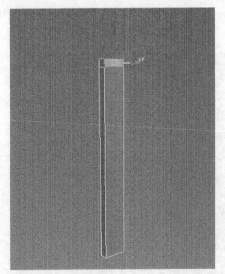

图 1-5-63

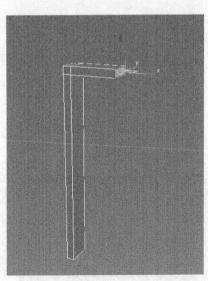

图 1-5-64

（5）选择转折处的两个点，单击 Connect（连接）命令，反面使用同样操作，结果如图 1-5-65 所示。删除相邻的两条边，如图 1-5-66 所示。

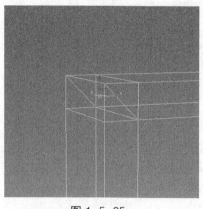
图 1-5-65

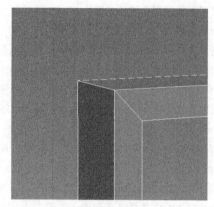
图 1-5-66

（6）选中如图 1-5-67 所示的 4 条线，单击 Connect（连接）命令添加一条环线，结果如图 1-5-68 所示。

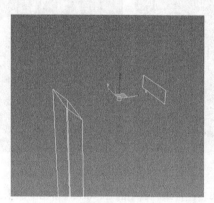
图 1-5-67

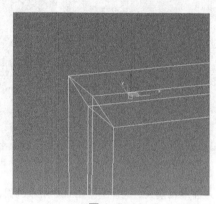
图 1-5-68

（7）选中如图 1-5-69 所示的 4 条线，单击 Connect（连接）命令添加一条环线，结果如图 1-5-70 所示。

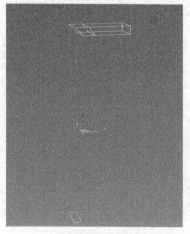
图 1-5-69

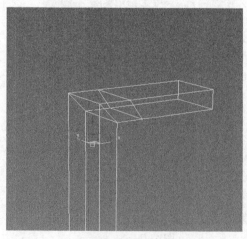
图 1-5-70

（8）选中如图 1-5-71 所示的 8 条线，单击 Connect（连接）命令添加一条环线，结果如图 1-5-72 所示。这里要添加足够多的环线才会在调节后使拐角处看起来更圆滑。

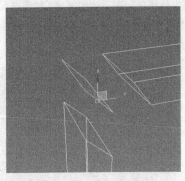 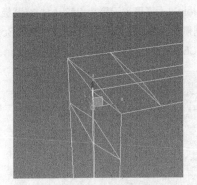

图 1-5-71　　　　　　　　　　图 1-5-72

（9）进入前视图，在视角调节点的位置使拐角处看起来过渡平滑，如图 1-5-73 所示。

（10）将凳腿移动到凳板下方，如图 1-5-74 所示。

（11）复制并利用角度捕捉命令，摆放好 4 个凳腿，效果如图 1-5-75 所示。登子制作完成。

 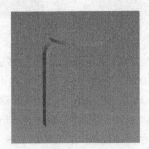 

图 1-5-73　　　　图 1-5-74　　　　图 1-5-75

通过扫描二维码可以观察引擎中圆凳模型的效果。

1.5.11　实例制作——衣柜

本节制作衣柜，如图 1-5-76 所示为实例参考图。

图 1-5-76

具体操作步骤如下。

（1）创建 Box001 作为衣柜侧板，将 Length（长度）设置为 60cm、Width（宽度）设置为 2.5cm、Height（高度）设置为 240cm。创建 Box002 作为衣柜背板，将 Length（长度）设置为 2.5cm、Width（宽度）设置为 130cm、Height（高度）设置为 240cm。将背板与侧板在边缘处对齐，如图 1-5-77 所示。

（2）复制侧板将其放在对称的另一边。创建 Box 作为顶板，将 Length（长度）设置为 60cm、Width（宽度）设置为 135cm、Height（高度）设置为 2.5cm，结果如图 1-5-78 所示。

图 1-5-77　　　　　　　　　　　　　　　图 1-5-78

（3）底板的厚度比其他板材高出一些，所以在创建底板模型时，将 Length（长度）设置为 60cm、Width（宽度）设置为 130cm、Height（高度）设置为 10cm。创建柜门，将 Length（长度）设置为 232.5cm、Width（宽度）设置为 67.5cm、Height（高度）设置为 2.5cm。复制门板，并排对齐移动到衣柜侧板边缘，结果如图 1-5-79 所示。

（4）创建 Box 作为衣柜的把手，将 Length（长度）设置为 1cm、Width（宽度）设置为 1.5cm、Height（高度）设置为 18cm，并将其复制到门的对称位置，效果如图 1-5-80 所示。衣柜制作完成。

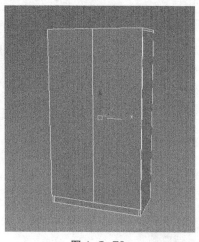 

图 1-5-79　　　　　　　　　　　　　　　图 1-5-80

通过扫描二维码可以观察引擎中衣柜模型的效果。

1.6　样条线

样条线是插补在两个端点和两个或两个以上切向矢量之间的曲线，不具备实际的体积，包括 spline 和 nurbs

spline。样条线的作用是辅助生成实体。样条线变成实体的方法在 3ds Max 里有很多，extrude、bevel、sweep、bevel profile 等都属于此类方法。

1.6.1　样条线的创建

在创建面板中选择 Shapes（图形），打开样条线创建按钮，如图 1-6-1 所示。

图 1-6-1

样条线创建菜单栏中可以创建一些软件预设好的样条线图形，如表 1-6-1 所示。

表 1-6-1

英文	中文	英文	中文
Line	线	Rectangle	矩形
Circle	圆	Ellipse	椭圆
Arc	弧	Donut	圆环
NGon	多边形	Star	星形
Text	文本	Helix	螺旋线
Egg	蛋型	Section	截面

单击想要创建的样条线选项，使其处于激活状态，然后在主视角中拖动，创建出相应的样条线。创建完成后，在右边如图 1-6-2 所示的 Parameters（参数）栏中调整参数以达到想要的形状。

1.6.2　放样功能

放样是创建 3D 对象的重要方法之一，可创建作为路径的图形对象及任意数量的横截面图形。该路径可以成为一个框架，用于保留形成放样对象的横截面。

放样时要选取一条样条线作为图形样条线，选取另一条样条线作为路径样条线。举例说明，创建一条圆形样条线和一条矩形样条线，如图 1-6-3 所示，选择创建面板中的 Geometry（几何体），单击次级菜单后打开次级菜单栏，选择 Compound Objects（复合对象），如图 1-6-4 所示。选中圆形样条线，单击菜单栏中的 Loft（放样）命令，设置放样相关的参数，如图 1-6-5 所示。单击 Creation Method（创建方式）菜单，如果当前被选中的圆形样条线作为图形样条线，那么单击 Get Path（获取路径），然后选择另一条矩形样条线作为路径样条线，如图 1-6-6 所示；如果当前被选中的圆形样条线作为路径样条线，那么单击 Get Shape（获取图形），然后选择另一条矩形样条线作

图 1-6-2

为路径样条线，如图 1-6-7 所示。

图 1-6-3   图 1-6-4   图 1-6-5

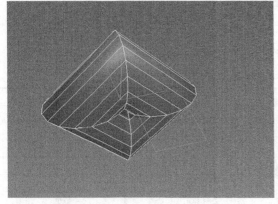
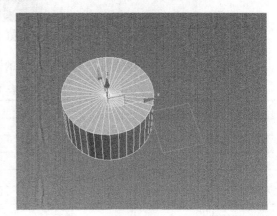

图 1-6-6   图 1-6-7

1.6.3   各种文字的创建

　　文字创建将各种不同字形、字体的文字符号快速生成样条线。当创建文字时，首先进入样条线创建界面，然后单击 Text（文本）命令，在命令栏下方就会出现文本相关的菜单栏，如图 1-6-8 所示。在默认情况下，字体类型为 Arial，Size 字体大小为 50cm，文本内容为 Max Text，单击主视口，文本就创建好了，如图 1-6-9 所示。

图 1-6-8   图 1-6-9

1.6.4　螺旋线的创建

螺旋线创建出的是如弹簧形状的样条线。创建螺旋线的时候先进入样条线创建界面，然后单击 Helix（螺旋线）命令，在命令栏下方就会出现螺旋线相关的参数，如图 1-6-10 所示。

在主视口中单击任意区域开始创建，第一次拖动决定螺旋线一端的半径尺寸，第二次拖动决定螺旋线的高度，第三次拖动决定螺旋线另一端的半径尺寸，创建完成后如图 1-6-11 所示。Radius 1 为一端的半径值，Radius 2 为另一端的半径值，Height 为高度，Turns 为螺旋线的旋转圈数，Bias 为偏移比例。

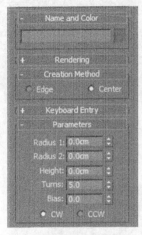
图 1-6-10

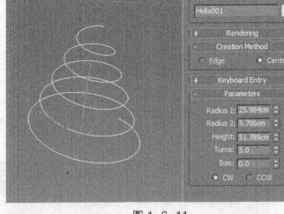
图 1-6-11

1.6.5　实例制作——室内石膏线

石膏线

运用放样命令来制作室内石膏线。

具体操作步骤如下。

（1）进入样条线创建界面，单击 Line（线）命令，进入左视图进行石膏线的剖面绘制，如图 1-6-12 所示。

图 1-6-12

（2）单击鼠标左键，在主视口中绘制样条线。（如果要画出一条直线，按住键盘上的 Shift 键）。画好之后，效果如图 1-6-13 所示。

（3）如果对绘制的样条线还有不满意的地方，可以选中样条线，在修改面板中打开 Selection（选择）菜单，选择 Vertex（点）、Segment（线）、Spline（样条线）进行编辑，如图 1-6-14 所示。调节好之后的线效果如图 1-6-15 所示。

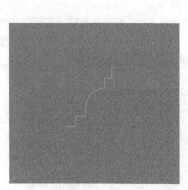

图 1-6-13　　　　　　　　　　图 1-6-14　　　　　　　　　　图 1-6-15

（4）创建 Rectangle（矩形）样条线，将 Length（长度）设置为 600cm、Width（宽度）设置为 400cm，结果如图 1-6-16 所示。

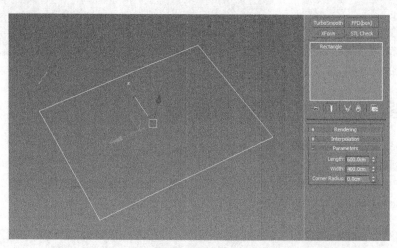

图 1-6-16

（5）选中矩形样条线单击 Loft（放样），打开放样菜单栏，单击 Get Shape（获取图形），选择剖面样条线，石膏线就制作好了，完成后的效果如图 1-6-17 所示。

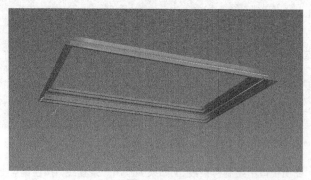

图 1-6-17

通过扫描二维码可以观察引擎中石膏线模型的效果。

置物架

1.6.6　实例制作——墙面置物架

本节介绍运用样条线制作墙面置物架，如图 1-6-18 所示为实例参考图。

具体操作步骤如下。

（1）在创建面板中单击图形按钮，选择 Extended Splines（扩展样条线）选项，如图 1-6-19 所示。

图 1-6-18

图 1-6-19

在 Object Type（对象类型）选项组中会有很多形状的样条线供选择创建，具体如表 1-6-2 所示。

表 1-6-2

英文	中文
WRectangle	矩形
Channel	通道
Angle	角度
Tee	T 形
Wide Flange	凸凹形

（2）选择 Channel（通道），将视口调节至前视图，在视口中拖动鼠标创建样条线，结果如图 1-6-20 所示。

（3）单击工具栏中 Angle Snap Toggle（角度捕捉开关），使它处于激活状态，右键单击打开 Grid and Snap Settings（网格和捕捉设置）面板，在 Options（选项）中将 Angle（角度）调整为 90，如图 1-6-21 所示。样条线沿 X 轴旋转 90°。

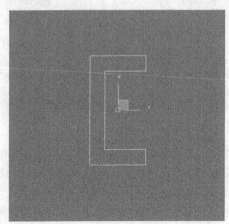

图 1-6-20

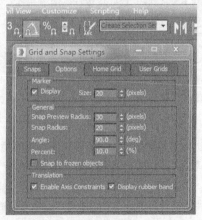

图 1-6-21

（4）调节样条线的参数，将 Length（长度）设置为 50cm，将 Width（宽度）设置为 20cm，将 Thickness（厚度）设置为 3cm，结果如图 1-6-22 所示。

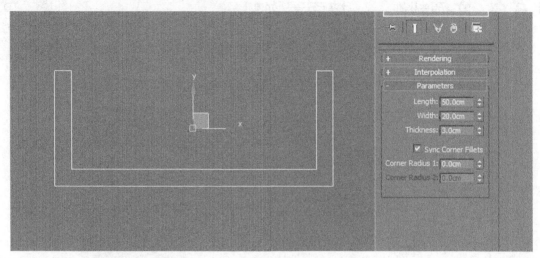

图 1-6-22

（5）选中样条线，单击 Covert to Editable Poly（转换为可编辑的多边形）命令，在修改面板中，进入面编辑模式，选中所有面，单击图形修改器中的 Extrude（挤出）命令，将 Height（高度）设置为 15cm，如图 1-6-23 所示。

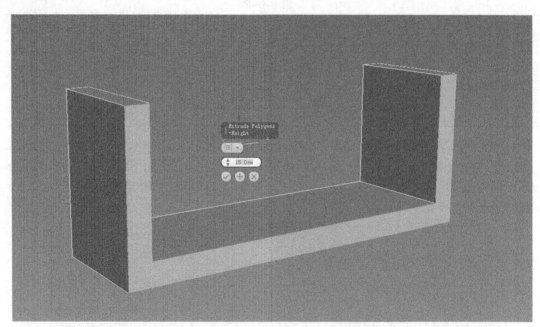

图 1-6-23

（6）进入点编辑模式，因为模型制作中不能存在大于 4 条边的面，所以选中图示中左边的两个点，点击命令栏下的 Connect（连接）或者使用快捷组合键 Ctrl+Shift+E，将两个点连接成一条线，如图 1-6-24 所示。

（7）用同样的方法选择右边的两个点将它们中间连接成一条线，如图 1-6-25 所示。因为模型背部贴在墙面上是看不到的，所以背后缺少的部分可以不添加面。

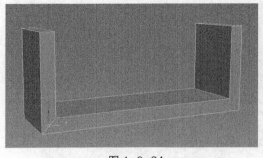
图 1-6-24

图 1-6-25

（8）选中模型，按住 Shift 键并将它在 X 轴上平移，可以复制此模型。进入模型点编辑模式，选中左半部分所有的点，使用移动工具在 X 轴上平移，可起到扩大宽度的作用。以此类推，再制作一个缩小的模型，如图 1-6-26 所示。

（9）按照效果图位置摆放模型，如图 1-6-27 所示，制作完成。

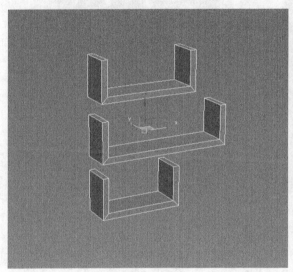
图 1-6-26

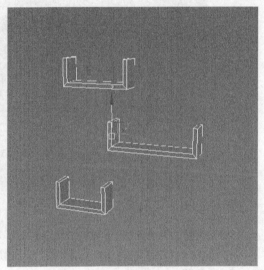
图 1-6-27

通过扫描二维码可以观察引擎中置物架模型的效果。

1.6.7　实例制作——台灯

台灯

本节利用样条线来制作台灯，效果如图 1-6-28 所示。

具体操作步骤如下。

（1）创建 Box001，将 Length（长度）设置为 14cm、Width（宽度）设置为 14cm、Height（高度）设置为 15cm，结果如图 1-6-29 所示。

（2）创建圆柱体 Cylinder001，将 Radius（半径）设置为 3.5cm、Height（高度）设置为 0.5cm、Height Segments（高度分段）设置为 1、Cap Segments（截面分段）设置为 1、Sides（边）设置为 18。单击 Align（对齐）命令，使 Cylinder001 在 X 轴和 Y 轴上对齐到 Box001 中心，如图 1-6-30 所示。

（3）选中 Cylinder001，单击 Covert to Editable Poly（转换为可编辑的多边形）命令转换成多边形 Poly，进入面编辑模式并选择顶端截面。在图形编辑器中选择 Inset（插入）命令，将 Amount（数量）设置为 2.6cm，然后单击 Extrude（挤出）命令挤出当前选中面，将 Height（高度）设置为 40cm，结果如图 1-6-31 所示。

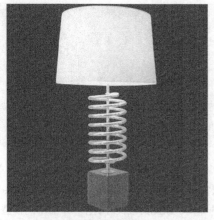

图 1-6-28

图 1-6-29

图 1-6-30

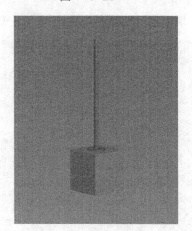

图 1-6-31

（4）创建螺旋线样条线，参数设置和位置如图 1-6-32 所示。

（5）在堆栈中右键单击 Helix（螺旋线），在弹出的菜单中单击 Editable Spline（编辑样条线）命令，如图 1-6-33 所示。

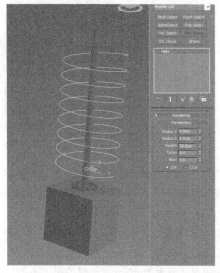

图 1-6-32

图 1-6-33

（6）利用点的平移将最上方的点调节成可以与中心圆柱相接的状态，如图 1-6-34 所示。将最下方的点也调节成可以与中心圆柱相接的状态，如图 1-6-35 所示。

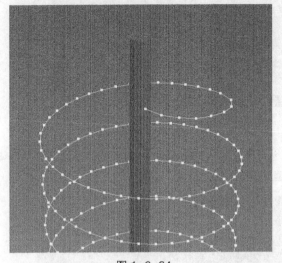
图 1-6-34

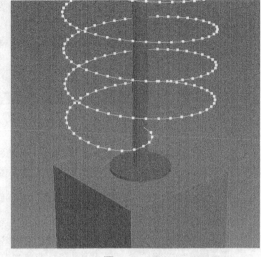
图 1-6-35

（7）打开 Rendering（渲染）面板，将 Enable In Viewport（在视口中启用）复选框勾选上，按照图 1-6-36 中所示设置数值。

（8）创建基本几何体 Cone（锥体），参数设置和位置如图 1-6-37 所示。

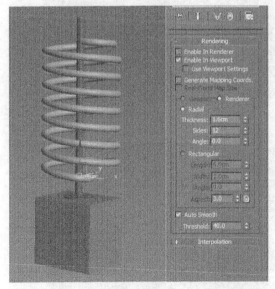
图 1-6-36

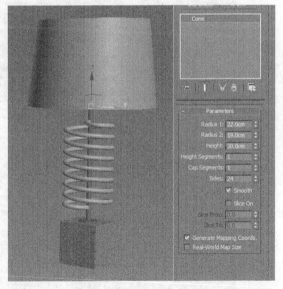
图 1-6-37

（9）将 Cone001 转换为可编辑的多边形。进入面编辑模式，选择底面，使用插入命令，将数值调整为 0.5cm，再使用挤出命令，将挤出高度设置为 -29cm，最后将这个面整体缩放 0.87 倍，效果如图 1-6-38 所示。

（10）灯罩内部的面不如外部圆滑，所以需要调节模型的光滑组。进入体编辑模式，选中灯罩模型。在图形编辑器中找到 Polygon:Smoothing Groups（多边形：光滑组），现在默认的光滑组如图 1-6-39 所示。单击 Clear All（清除所有），再单击 Auto Smooth（自动光滑），光滑组设置后如图 1-6-40 所示。

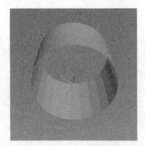

图 1-6-38　　　　　　　图 1-6-39　　　　　　　图 1-6-40

（11）创建圆柱体 Cylinder002 作为灯托，移动到台灯架上方，位置和参数设置如图 1-6-41 所示。继续创建球形 Sphere001 作为灯泡，移动到灯托上方，位置和参数设置如图 1-6-42 所示。

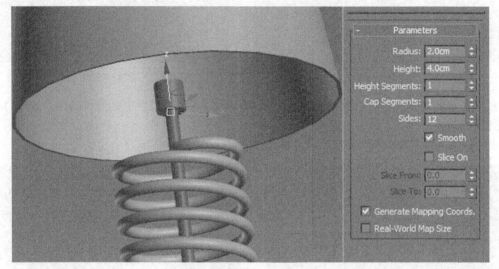

图 1-6-41

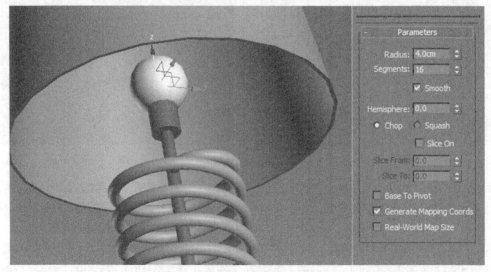

图 1-6-42

（12）制作灯罩的支撑杆。创建圆柱体 Cylinder003，参数设置如图 1-6-43 所示。利用角度捕捉命令将圆柱体在 X 轴上旋转 90°，并移动到图 1-6-44 所示位置。

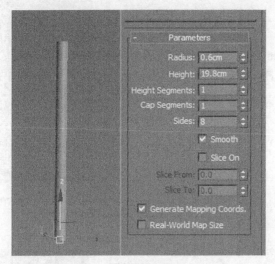

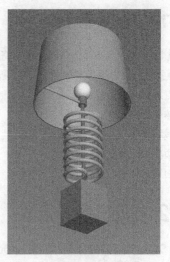

图 1-6-43

图 1-6-44

（13）复制 Cylinder003，并通过角度捕捉和移动工具形成十字形支撑架，如图 1-6-45 所示。

（14）仔细观察后发现螺旋架与台灯图示中方向不相符，单击镜像命令，镜像轴选择 X 轴，并且选择不复制，使旋转架的旋转方向与图示一致，效果如图 1-6-46 所示。制作完成。

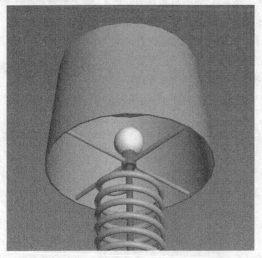

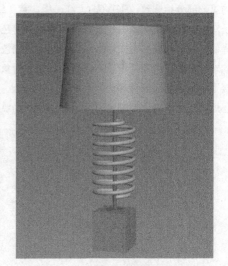

图 1-6-45

图 1-6-46

通过扫描二维码可以观察引擎中台灯模型的效果。

1.7　多边形编辑器的创建与基础操作

通过 Covert to Editable Poly（转换为可编辑的多边形）命令可以将对象转换成多边形 Poly，进而使用多边形编辑器对多边形模型的点、线、边界、面、体进行编辑。多边形编辑器中包含"选择卷展栏""软选择卷展栏""编辑几何体卷展栏""细分曲面卷展栏""细分置换卷展栏""绘制变形卷展栏"6 个模块命令。

1.7.1 选择卷展栏

通过 Selection（选择）选项组选择将要编辑的点、线、边界、面、体，以便对选定对象进行独立操作，如图 1-7-1 所示。具体图标名称如下。

■ 点编辑模式

■ 体编辑模式

■ 线编辑模式

■ 边界编辑模式

■ 面编辑模式

图 1-7-1

1.7.2 软选择卷展栏

Soft Selection（软选择）卷展栏控件允许部分选择显式选择邻接处的子对象。这将会使显式选择的行为就像被磁场包围了一样。在对子对象选择进行变换时，在场中被部分选定的子对象就会平滑地进行绘制；这种效果随着距离或部分选择的"强度"而衰减。默认情况下它是不启用的，当想要使用的时候需要勾选 Use Soft Selection（使用软选择）复选框，如图 1-7-2 所示。

软选择的这种衰减效果在视口中表现为选择周围的颜色渐变，它与标准彩色光谱的第一部分相一致：ROYGB（红、橙、黄、绿、蓝）。红色子对象是显式选择的子对象。具有最高值的软选择子对象为红橙色；它们与红色子对象有着相同的选择值，并以相同的方式对操纵作出响应。橙色子对象的选择值稍低一些，对操纵的响应不如红色和红橙顶点强烈。黄橙子对象的选择值更低，按这个顺序排列，接下去是黄色、绿黄等，如图 1-7-3 所示。蓝色子对象实际上是未选择，除了邻近软选择子对象需要的以外，并不会对操纵作出响应，如图 1-7-4 所示。

图 1-7-2

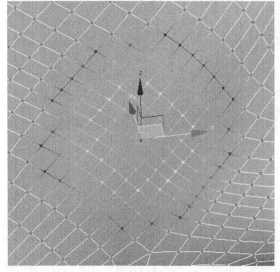

图 1-7-3

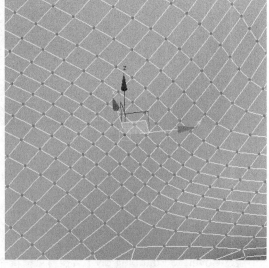

图 1-7-4

1.7.3　编辑几何体卷展栏

Edit Geometry（编辑几何体）卷展栏提供了顶对象层级或子对象层级更改多边形对象几何体的全局命令，如图 1-7-5 所示。

Constraints（约束条件）选项组在对多边形对象进行任何有位置变化的操作的时候进行一定的限制。None（无）选项是没有限制，Edge（线）选项是沿所在线的延伸方向限制，Face（面）选项是沿所在面的方向限制，Normal（法线）选项是沿所在法线方向限制。

其他一些常用命令，有 Create（创建）、Collapse（合并到中心）、Attach（附加）、Detach（分离）等。

1.7.4　细分曲面卷展栏

Subdivision Surface（细分曲面）卷展栏可以将细分应用于采用网格平滑格式的对象，以便对分辨率较低的"框架"网格进行操作，同时查看更为平滑的细分结果。该卷展栏既可以在所有子对象层级使用，也可以在对象层级使用。因此，会影响整个对象。如图 1-7-6 所示。

图 1-7-5

图 1-7-6

Smooth Result（平滑结果）：对所有的多边形应用相同的平滑组。

Use NURMS Subdivision（使用 NURMS 细分）：通过 NURMS 方法应用平滑。

NURMS 在"可编辑多边形"和"网格平滑"中的区别在于，后者可以使用户有权控制顶点，而前者不能。

Isoline Display（等值线显示）：选中该选项后，3ds Max 仅显示等值线，即对象在进行光滑处理之前的原始边缘。使用此项的好处是减少混乱的显示。禁用该选项后，3ds Max 将会显示使用 NURMS 细分添加的所有面；因此，"迭代次数"设置越高，生成的行数越多。默认设置为启用。

Show Cage（显示框架）：在修改或细分之前，切换显示可编辑多边形对象的两种颜色线框的显示。框架颜色显示为复选框右侧的色样。第一种颜色表示未选定的子对象，第二种颜色表示选定的子对象。通过单击其色样更改颜色。

1.7.5 细分置换卷展栏

Subdivision Displacement（细分置换）卷展栏可以指定用于细分可编辑多边形对象的曲面近似设置。这些控件的工作方式与 NURBS 曲面的曲面近似设置相同。对可编辑多边形对象应用置换贴图时会使用这些控件，如图 1-7-7 所示。

勾选 Subdivision Displacement（细分置换）复选框，设置"细分预设"和"细分方法"，将多边形进行细分以精确地置换多边形对象。不勾选 Subdivision Displacement，如果移动现有的顶点，多边形将会发生位移。默认设置为不勾选。

Split Mesh（分割网格）影响位移多边形对象的接缝，也会影响纹理贴图。被勾选时，会将多边形对象分割为各个多边形，然后使其发生位移；这有助于保留纹理贴图；不勾选时，会对多边形进行分割，还会使用内部方法分配纹理贴图。默认情况下被勾选。

图 1-7-7

1.7.6 绘制变形卷展栏

Paint Deformation（绘制变形）卷展栏可以推、拉或者在对象曲面上拖动鼠标光标来影响顶点。在对象层级上，该卷展栏可以影响选定对象中的所有顶点。在子对象层级上，它仅影响选定顶点以及识别软选择，如图 1-7-8 所示。

1.7.7 实例制作——餐碗

餐碗

本节实例制作餐碗，完成后效果如图 1-7-9 所示。

具体操作步骤如下。

（1）创建圆柱体 Cylinder001，将 Radius（半径）设置为 8cm、Height（高度）设置为 7.5cm、Height Segments（高度分段）设置为 1、Cap Segments（截面分段）设置为 1、Sides（边）设置为 36，结果如图 1-7-10 所示。

（2）将 Cylinder001 转换为多边形，在它的侧面上添加一条环线，进入点编辑模式，选中环线上和底面上的所有点，如图 1-7-11 所示。

图 1-7-8

图 1-7-9

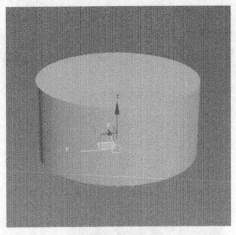

图 1-7-10

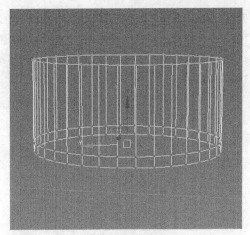

图 1-7-11

（3）使用缩放工具在 X 轴和 Y 轴上将选中的点按照如图 1-7-12 所示的比例同时缩放。

（4）继续在侧面添加环线，进入点编辑模式，选中这条环线上的点，使用缩放工具在 X 轴和 Y 轴上将选中的点按照如图 1-7-13 所示的比例同时缩放，让它的侧面看起来是鼓起来的。

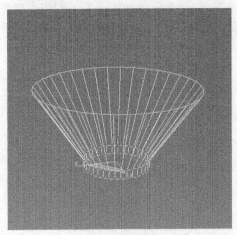

图 1-7-12

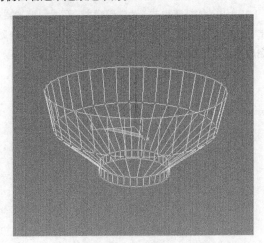

图 1-7-13

（5）继续在侧面添加环线并使用缩放工具进行调节，直到侧面看起来是圆滑的为止，效果如图 1-7-14 所示。

（6）在碗底托的上面添加一条环线，调节它的缩放比例和位置，目的是让底托的分界看起来更明显，如图 1-7-15 所示。

图 1-7-14

图 1-7-15

（7）进入面编辑模式，选择顶面，单击 Inset（插入）命令，将 Amount（数量）设置为 0.3cm，作为碗边的一个厚度，然后挤出当前选中面，制作成的碗的内壁如图 1-7-16 所示。

（8）在内壁的侧面上添加环线，调节它们的大小和位置，使其看起来平滑，并且可以和外壁的线匹配上，如图 1-7-17 所示。

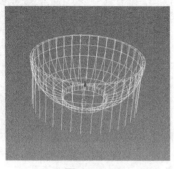 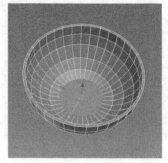

图 1-7-16　　　　　　　　　　　　　　图 1-7-17

（9）选中内壁的底面，使用一次插入命令，然后在编辑几何体卷展栏中单击 Collapse（合并到中心）命令，使底面上的点集中到一起，如图 1-7-18 所示。在外壁底面上用同样的方法执行一次以上操作。

（10）进入体编辑模式，选中碗模型，在图形编辑器中单击 Polygon:Smoothing Groups（多边形：光滑组）。单击 Clear All（清除所有），再单击 Auto Smooth（自动光滑），重新设置一次模型的光滑组。这样，餐碗就制作完成了，效果如图 1-7-19 所示。

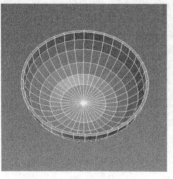 

图 1-7-18　　　　　　　　　　　　　　图 1-7-19

通过扫描二维码可以观察引擎中餐碗模型的效果。

餐桌

1.7.8　实例制作——餐桌

本节实例制作餐桌，效果如图 1-7-20 所示。

图 1-7-20

具体操作步骤如下。

（1）创建 Box 制作桌板，将 Length（长度）设置为 120cm、Width（宽度）设置为 220cm、Height（高度）设置为 5cm。

（2）创建 Box 制作桌腿，将长度设置为 7cm、宽度设置为 7cm、高度设置为 100cm，将它转换为可编辑多边形，选择侧面的 4 条线并添加一条环线，如图 1-7-21 所示。

（3）使用捕捉命令将桌腿的顶面与桌板的底面对齐并复制桌腿，在侧视图中将两个桌腿移动到桌板下的两侧对称位置，结果如图 1-7-22 所示。

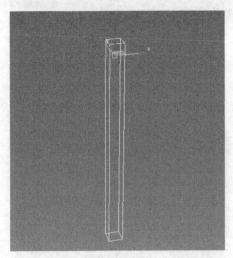

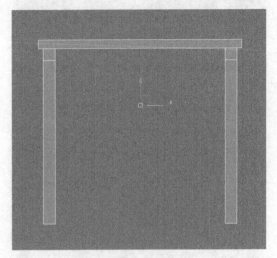

图 1-7-21　　　　　　　　　　　　　　　　　　图 1-7-22

（4）将两个桌腿使用 Attach（附加）命令合并到一起，选中它们相对的两个面，单击挤出命令，使两个面尽量靠近，如图 1-7-23 所示。

（5）选中这两个面上的点，切换到缩放工具，在 Y 轴负方向上缩放数次，直到两个面上的点完全贴合在一起为止，然后删除这两个面，如图 1-7-24 所示。

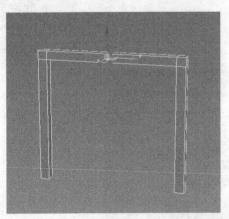
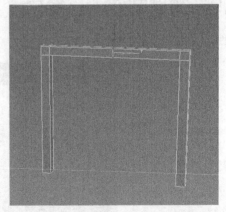

图 1-7-23　　　　　　　　　　　　　　　　　　图 1-7-24

（6）在图形编辑器中单击 Weld（焊接）命令，使两个面上重合的点焊接在一起。复制这一组桌腿并在 X 轴负方向上移动到桌板对称的另一边，如图 1-7-25 所示。

（7）创建 Box 制作横梁，将长度设置为 7cm、宽度设置为 100cm、高度设置为 7cm，使用捕捉工具使横梁顶面与桌板的底面对齐，将侧面与桌腿的侧面对齐，使横梁的左侧与桌腿的右侧对齐，如图 1-7-26 所示。

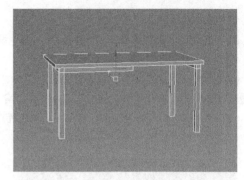

图 1-7-25   图 1-7-26

（8）将横梁转换为可编辑多边形，进入点编辑模式，选中右侧面上的 4 个点，单击捕捉命令使它们与另一侧的桌腿对齐，如图 1-7-27 所示。

（9）复制横梁到另一侧，单击捕捉命令与桌腿对齐，本实例制作完成，效果如图 1-7-28 所示。

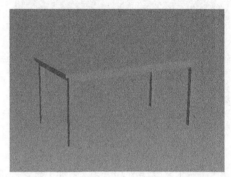

图 1-7-27   图 1-7-28

通过扫描二维码可以观察引擎中餐桌模型的效果。

餐椅

1.7.9 实例制作——餐椅

本节制作餐椅，效果如图 1-7-29 所示。

图 1-7-29

具体操作步骤如下。

（1）创建 Box 制作椅子架，将长度设置为 50cm、宽度设置为 2cm、高度设置为 2cm，转换为可编辑多边形，选中较长的 4 条边，单击 Connect（连接）命令连接两条环线，将 Segments（分段）设置为 2、Pinch（挤压）设置为 90、Slide（滑动）设置为 0。结果如图 1-7-30 所示。

（2）选择两侧向上的面，单击挤出命令，设置挤出高度为 50cm。选中被挤出形成的侧杆所包含的线，连接环线，效果如图 1-7-31 所示。

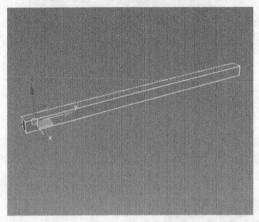
图 1-7-30

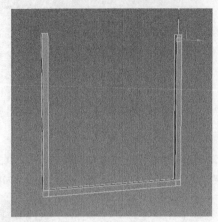
图 1-7-31

（3）选择上面相对的两个面使用挤出命令，再进入点编辑模式，选择缩放工具，在 Y 轴负方向上缩放数次直到点完全重合在一起，然后删除相对的两个面，单击 Weld（焊接）命令，焊接重合的点，结果如图 1-7-32 所示。

（4）选择后侧向上的面，单击挤出命令，设置挤出高度为 25cm，并沿 Y 轴正方向移动 3cm，创建圆柱体，将半径设置为 0.6cm、高度设置为 1.5cm、边数设置为 8，单击捕捉命令将圆柱体的下表面与椅子架对齐，结果如图 1-7-33 所示。

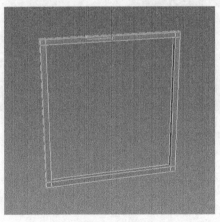
图 1-7-32

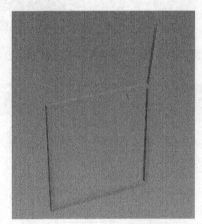
图 1-7-33

（5）选择后侧向上的面，单击挤出命令，设置挤出高度为 25cm，并沿 Y 轴正方向移动 3cm，创建圆柱体，将半径设置为 0.6cm、高度设置为 1.5cm、边数设置为 8，单击捕捉命令将圆柱体的下表面与椅子架对齐，结果如图 1-7-34 所示。

（6）将椅子架与圆柱体 Attach（附加）到一起。复制并在 X 轴方向上移动 -45cm。创建 Box 制作椅子座板，设置其长度为 49.5cm、宽度为 50cm、高度为 2cm，并转换为可编辑多边形，选中前面和后面的线添加环线，通过点调节使它们形成中间凹陷下去的效果，并把它移动到相应的位置上，效果如图 1-7-34 和图 1-7-35 所示。

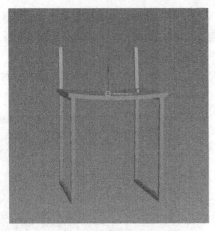

图 1-7-34

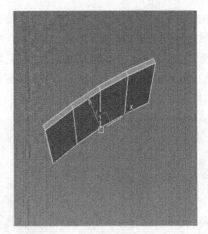

图 1-7-35

（7）将椅子背板在 X 轴上向后旋转 5°，单击捕捉命令使背板下面与椅子架上端对齐，再将背板的中心与椅子架的中心在 X 轴方向上对齐，制作完成，如图 1-7-36 所示。

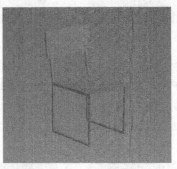

图 1-7-36

通过扫描二维码可以观察引擎中餐椅模型的效果。

1.8 综合练习题

请综合第 1 章所学的知识对以下提供的图片进行三维模型制作练习。

1. 木制门

参考数值如图 1-8-1 和图 1-8-2 所示。

图 1-8-1

图 1-8-2

2. 六门角柜

参考数值如图 1-8-3 和图 1-8-4 所示。

图 1-8-3

图 1-8-4

3. 木制板凳

数值参考如图 1-8-5～图 1-8-7 所示。

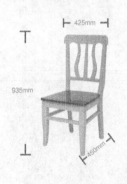

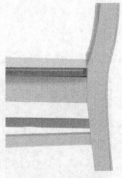

图 1-8-5

图 1-8-6

图 1-8-7

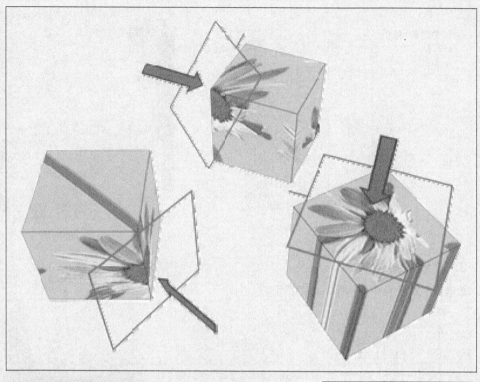

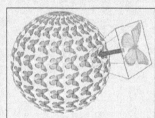

第2章

3ds Max 常用修改器

本章主要介绍通过常用的车削、挤出、对称、涡轮平滑、FFD、壳、UVW 贴图、展开 UVW 修改器完成家装家具等物品模型的制作。

2.1　车削与挤出修改器

2.1.1　车削修改器

Lathe（车削）修改器可以通过围绕坐标轴旋转一个图形或 NURBS 曲线来生成 3D 对象。

其参数介绍如下。

Parameters（参数选区）：包括基本的初始状态设置。如图 2-1-1 和图 2-1-2 所示。

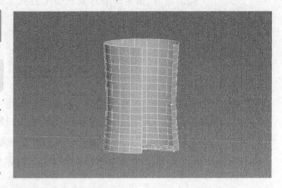

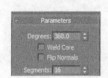

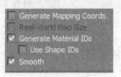

图 2-1-1　　　　　　　　　　图 2-1-2

- Degrees（度数）：设置对象围绕坐标轴旋转的度数，其范围为 0°～360°，默认值为 360°。
- Weld Core（焊接内核）：通过焊接旋转轴中的顶点来简化网络。
- Flip Normals（翻转法线）：使物体的法线翻转，翻转后物体的内部会外翻。
- Segments（分段）：在起始点之间设置在曲面上创建的插补线段的数量。
- Generate Mapping Coords（生成贴图坐标）：将贴图坐标应用到车削对象中。当度数的值小于 360 时，勾选此复选框，将另外的贴图坐标应用到末端封口中，并在每一封口上放置一个 1×1 的平铺图案。
- Real-World Map Size（真实世界贴图大小）：控制应用于该对象的纹理贴图材质所使用的缩放方法。缩放值由位于应用材质的"坐标"卷展栏中的"使用真实世界比例"设置控制。默认被勾选。
- Generate Material IDs（生成材质 ID）：将不同的材质 ID 指定给挤出对象侧面与封口。具体情况为，侧面接收 ID3，封口（当度数小于 360 且车削图形闭合时）接收 ID1 和 ID2。默认被勾选。
- Use Shape IDs（使用图形 ID）：指定给车削样条线中的线段或指定给车削 NURBS 曲线中的曲线子对象的材质 ID 值。仅当"生成材质 ID"被勾选时，"使用图形 ID"可用。
- Smooth（平滑）：使车削图形应用平滑。

Capping（封口组）：如果设置的车削对象的度数小于 360，该选项用来控制是否在车削对象的内部创建封口。如图 2-1-3 所示。

- Cap Start（封口始端）：车削的起点，用来设置封口的最大程度。
- Cap End（封口末端）：车削的终点，用来设置封口的最大程度。
- Morph（变形）：按照创建变形目标所需的可预见且可重复的模式来排列封口面。
- Grid（栅格）：在图形边界的方形上修剪栅格中安排的封口面。

Direction（方向组）：设置轴的旋转方向，有 X、Y 和 Z 这 3 个轴可供选择。如图 2-1-4 所示。

图 2-1-3　　　　　　　　　　图 2-1-4

Align（对齐组）：设置对齐的方式，有 Min（最小）、Center（中心）和 Max（最大）3 种方式来旋转轴与图形对齐。如图 2-1-5 所示。

Output（输出组）：指定车削对象的输出方式，有 3 种，如图 2-1-6 所示。

图 2-1-5

图 2-1-6

- Patch（面片）：产生一个可以折叠到面片对象中的对象。
- Mesh（网络）：产生一个可以折叠到网络对象中的对象。
- NURBS：产生一个可以折叠到 NURBS 对象中的对象。

2.1.2 实例制作——咖啡杯

咖啡杯

具体操作步骤如下。

（1）先制作咖啡杯盘子的模型。使用 Line（线）工具，在前视图中按实际尺寸与比例绘制一条样条线，如图 2-1-7 所示。

图 2-1-7

（2）进入此样条线的"顶点"级别，选择 8 个顶点，然后在 Geometry（几何体）卷展栏下单击 Fillet（圆角）按钮，在前视图中拖曳光标创建出圆角。适当调整样条线点的弧度。如图 2-1-8 和图 2-1-9 所示。

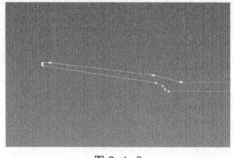

图 2-1-8

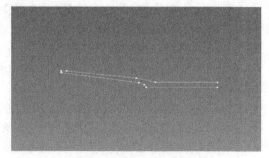

图 2-1-9

（3）为此样条线加载一个 Lathe（车削）修改器，然后在 Parameters（参数）卷展栏下，设置 Segments（分段）为 56，设置方向为 Y 轴、对齐方式为 Max（最大）。如图 2-1-10 所示。

（4）为此样条线加入 Edit Poly（编辑多边形）命令，把盘子中间的中点焊接上。咖啡杯盘子的模型就制作完成了。效果如图 2-1-11 所示。

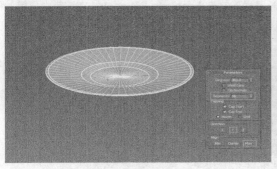

图 2-1-10

图 2-1-11

（5）制作咖啡杯的模型。使用 Line（线）工具在前视图中按实际尺寸与比例绘制一条咖啡杯侧样条线。如图 2-1-12 所示。

（6）进入此样条线的"顶点"级别，选择 7 个顶点，然后在 Geometry（几何体）卷展栏下单击 Fillet（圆角）按钮，在前视图中拖曳光标创建出圆角。适当调整样条线点的弧度，效果如图 2-1-13 和图 2-1-14 所示。

（7）为此样条线加载一个 Lathe（车削）修改器，然后在 Parameters（参数）卷展栏下，设置 Segments（分段）为 56，设置方向为 Y 轴、对齐方式为 Max（最大）。如图 2-1-15 所示。

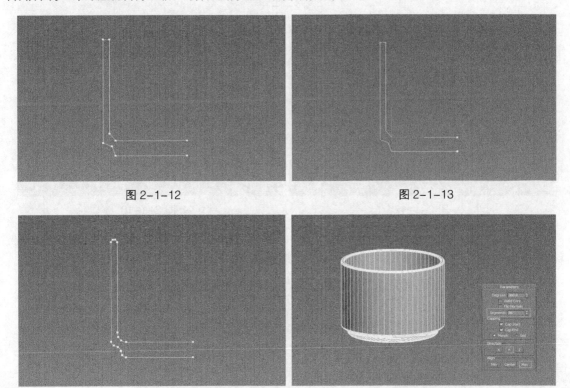

图 2-1-12

图 2-1-13

图 2-1-14

图 2-1-15

（8）为此样条线加入 Edit Poly（编辑多边形）命令，把盘子中间的中点焊接上。结果如图 2-1-16 所示。

（9）制作咖啡杯的把手模型。使用 Line（线）工具在前视图中绘制一条咖啡杯把手侧视图的样条线。如图 2-1-17 所示。

（10）选择次样条线，然后在 Rendering（渲染）卷展栏下勾选 Enable In Renderer（在渲染中启用）和
Enable In Viewport（在视图中启用）选项，接着调整设置 Thickness（厚度）的数值为 0.8cm，完成最终效果。
如图 2-1-18 所示。

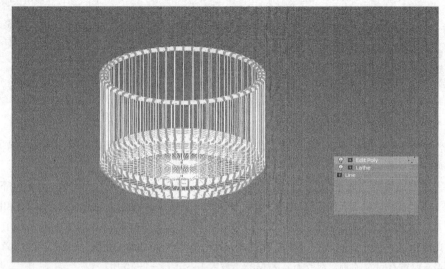

图 2-1-16

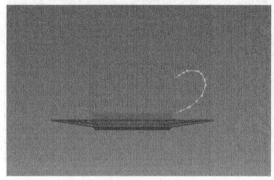

图 2-1-17

图 2-1-18

（11）把以上制作的 3 个模型 Attach（附加）成一个模型，把物品放置在世界坐标中心。将物体的本身坐
标值设定为 X 轴=0，Y 轴=0，Z 轴=0，模型完成。效果如图 2-1-19 所示。

图 2-1-19

通过扫描二维码可以观察引擎中咖啡杯模型的效果。

2.1.3　实例制作——饮水机

具体操作步骤如下。

（1）制作饮水机器的水桶模型。使用 Line（线）工具，在前视图中按实际尺寸与比例绘制一条水桶前视图的样条线。结果如图 2-1-20 所示。

（2）选中此样条线的"顶点"，单击鼠标右键，选择 Bezier，调整 Bezier 曲柄，适当调整样条线点的弧度。结果如图 2-1-21 所示。

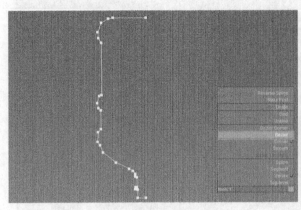
图 2-1-20

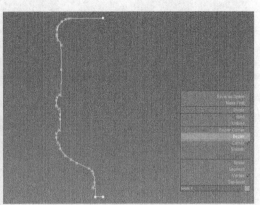
图 2-1-21

（3）为此样条线加载一个 Lathe（车削）修改器，然后在 Parameters（参数）卷展栏下，设置 Segments（分段）为 56，设置方向为 Y 轴、对齐方式为 Max（最大）。效果如图 2-1-22 所示。

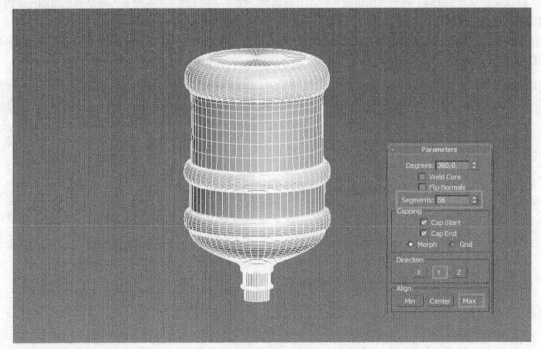
图 2-1-22

（4）单击 Edit Poly（编辑多边形）命令，将水桶上下的中心点焊接上。选择所有此模型的面，在 Polygon:Smoothing Groups（多边形：平滑组）卷展栏下，设置 Auto Smooth（自动平滑）数值为 45。如图 2-1-23 所示。

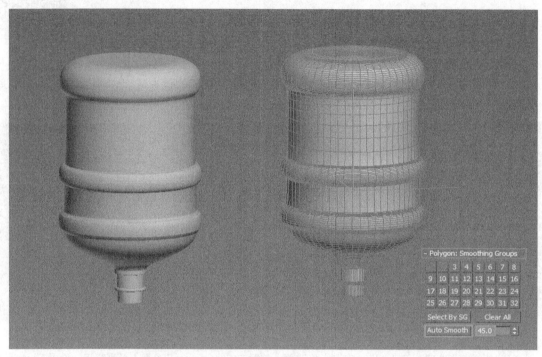

图 2-1-23

（5）制作饮水机主体。在前视图中按实际尺寸与比例，使用 Line（线）工具绘制一条水桶托盘的一半的横截面样条线。结果如图 2-1-24 所示。

（6）选中此样条线需要调整的"顶点"，单击鼠标右键，选择 Bezier，调整 Bezier 曲柄，适当调整样条线点的弧度。结果如图 2-1-25 所示。

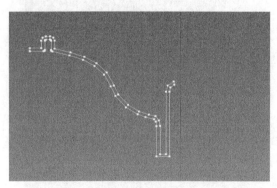

图 2-1-24

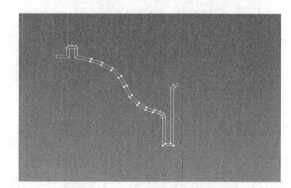

图 2-1-25

（7）再次选中此样条线需要调整的"顶点"，单击鼠标右键，选择 Smooth（平滑），让选中的点带动样条线自动平滑，适当调整整体样条线点的弧度。效果如图 2-1-26 所示。

（8）为此样条线加载一个 Lathe（车削）修改器，然后在 Parameters（参数）卷展栏下，设置 Segments（分段）为 56，设置方向为 Y 轴，调整 Axis（轴）、视图 X 轴的位置。达到模型应有的效果。如图 2-1-27 所示。

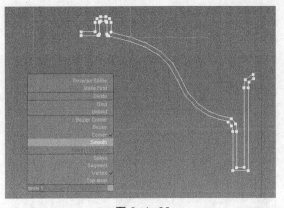

图 2-1-26

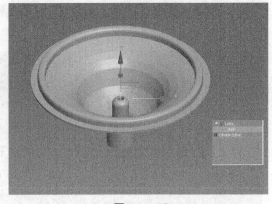

图 2-1-27

（9）单击 Edit Poly（编辑多边形）命令，选中此模型所有的面，在 Polygon:Smoothing Groups（多边形：平滑组）卷展栏下，设置 Auto Smooth（自动平滑）数值为 45。效果如图 2-1-28 所示。

（10）制作饮水机主体，在创建几何体里，在顶视图中心建立一个 Cylinder（圆柱体），设定 Radius（半径）为 16cm、Height（高度）为 104cm、Sides（边数）为 56。把模型转换为可编辑多边形，将水桶与水桶托盘与饮水机主体组合起来。如图 2-1-29 所示。

图 2-1-28

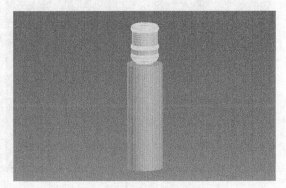

图 2-1-29

（11）单独显示圆柱，选择圆柱上纵段的线条，右键选中 Connect（连接）连出两条对应的线段。结果如图 2-1-30 所示。

（12）选择对应的面，右键选中 Extrude（挤出）命令，数值为-5cm。结果如图 2-1-31 所示。

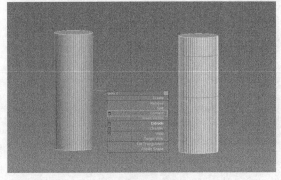

图 2-1-30

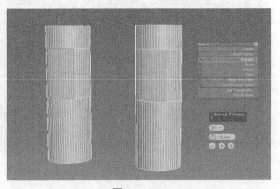

图 2-1-31

（13）在顶视图中，把刚才挤出面用缩放工具调平。结果如图 2-1-32 所示。

（14）继续调整饮水机主体。选中圆柱上部的结构，用 Connect（连接）与缩放工具调整模型造型。如图 2-1-33 所示。

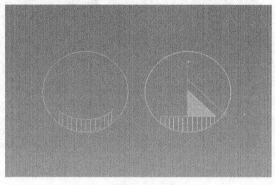

图 2-1-32   图 2-1-33

（15）制作水槽。选择饮水机主体相对应的面进行复制，复制出一个新的物体。选中此物体的所有面，单击右键，选择 Inset（插入）命令，设置数值为 0.5cm。结果如图 2-1-34 所示。

（16）选中此物体的指定面，单击右键使用 Extrude（挤出）命令，数值为 5cm。效果如图 2-1-35 所示。

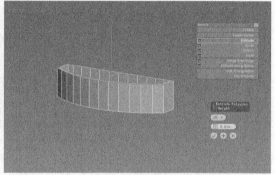

图 2-1-34   图 2-1-35

（17）制作冷热水塑料龙头，用圆柱、长方体建立基础模型。用面缩放、Connect（连接）、Extrude（挤出）命令，按照大体比例拼接制作。复制出两个，移动到相关位置。如图 2-1-36 和图 2-1-37 所示。

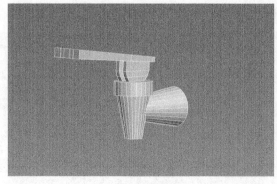

图 2-1-36   图 2-1-37

（18）在饮水机主体边缘进行切角处理。选择饮水机硬角的线，右键单击 Chamfer（切角），设置数值为 0.1cm。如图 2-1-38 所示。

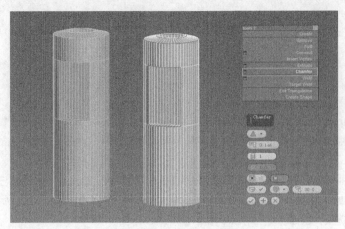

图 2-1-38

（19）最终模型需要进行加平行线、连线、光滑组设定以及将多余面去除的处理。把所有模型 Attach（附加）成一个模型，把物品放置在世界坐标中心。把物体的本身坐标值设定为 X 轴=0、Y 轴=0、Z 轴=0，最终模型完成。效果如图 2-1-39 所示。

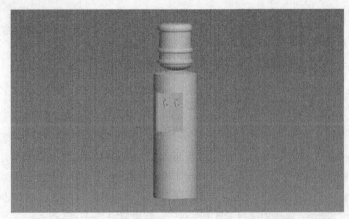

图 2-1-39

通过扫描二维码可以观察引擎中饮水机模型的效果。

2.1.4　挤出修改器

Extrude（挤出）修改器是将深度添加到图形中，并使其成为一个参数对象。

Parameters（参数选区）：包括基本的初始状态设置。如图 2-1-40 和图 2-1-41 所示。

- Amount（数量）：设置挤出的深度，默认值为 0。
- Segments（分段）：指定将要在挤出对象中创建线段的数目，默认值为 1。
- Capping（封口）：该选项用来控制是否在挤出对象的内部创建封口。
- Cap Start（封口始端）：在挤出对象始端生成一个平面。
- Cap End（封口末端）：在挤出对象末端生成一个平面。

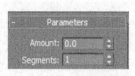

图 2-1-40   图 2-1-41

- Generate Mapping Coords（生成贴图坐标）：将贴图坐标应用到挤出对象中，默认情况下不勾选该选项。启用此选项时，生成贴图坐标将独立贴图坐标应用到末端封口中，并在每一封口上放置一个 1×1 的平铺图案。

- Generate Material IDs（生成材质 ID）：将不同的材质 ID 指定给挤出对象侧面与封口。特别需要注意的是，侧面 ID 为 3、封口 ID 为 1 和 2。在创建挤出对象时，勾选此复选框，但如果从 MAX 文件中加载一个挤出对象，将撤选此复选框，以保持每一对象中指定的材质 ID 不变。

- Use Shape IDs（使用图形 ID）：使用挤出样条线中指定给线段的材质 ID 值，或使用挤出 NURBS 曲线中的曲线子对象。

- Smooth（平滑）：将平滑应用于挤出图形。

Output（输出组）：指定挤出对象的输出方式。共有以下 3 种。如图 2-1-42 所示。

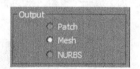

- Patch（面片）：产生一个可以折叠到面片对象中的对象。

- Mesh（网络）：产生一个可以折叠到网络对象中的对象。

图 2-1-42

- NURBS：产生一个可以折叠到 NURBS 对象中的对象。

2.1.5　实例制作——电视机

电视机

具体操作步骤如下。

（1）制作电视机的模型。使用 Rectangle（矩形）工具，在前视图中绘制出电视机外框的 4 个矩形图形。将左右边框矩形数值 Length（长度）设置为 68cm、宽度设置为 3cm。将下边框矩形数值 Length（长度）设置为 4.5cm、宽度设置为 128cm。上边框矩形数值 Length（长度）设置为 3cm、（宽度）设置为 128cm。接着用捕捉工具上下对齐。结果如图 2-1-43 所示。

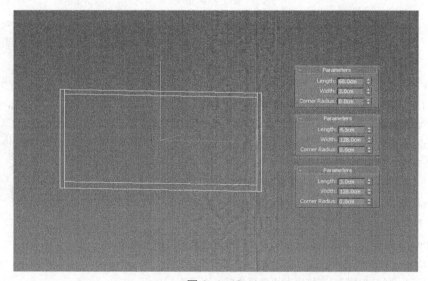

图 2-1-43

（2）选中 4 个矩形图形，加载一个 Extrude（挤出）修改器，Amount（数值）设定为 2.5cm，如图 2-1-44 所示。

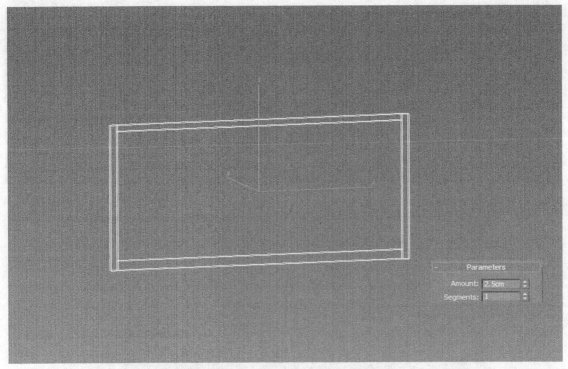

图 2-1-44

（3）把 4 个模型转化为可编辑多边形，合并到一起，选择需要圆滑的边进行 Chamfer（切角）处理，数值为 1cm，段数设置为 4 段，如图 2-1-45 和图 2-1-46 所示。

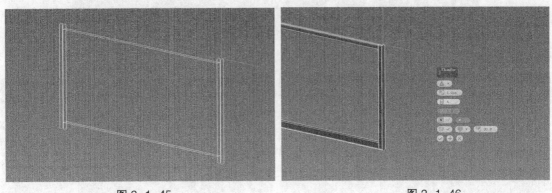

图 2-1-45　　　　　　　　　　　　　　图 2-1-46

（4）为电视机边框进行切角处理，选择需要切角的边进行 Chamfer（切角），数值为 1cm，效果如图 2-1-47 和图 2-1-48 所示。

（5）在前视图中用几何体中的平面制作来制作电视机屏幕，其 Length（长度）设置为 61cm，Width（宽度）设置为 129cm。结果如图 2-1-49 所示。

（6）在电视机下方加入 Virtual Reality 文字，在图形样条线中单击 Text 工具，在 Parameters（参数）面板里设置 Size（大小）为 2.6cm，在 Text（文本）框里输入文字 Virtual Reality，创建样条线。放置到对应的位置，结果如图 2-1-50 所示。

（7）选择建立的文字样条线，加载一个 Extrude（挤出）修改器，Amount（数值）设定为 0.1cm，结果如图 2-1-51 所示。

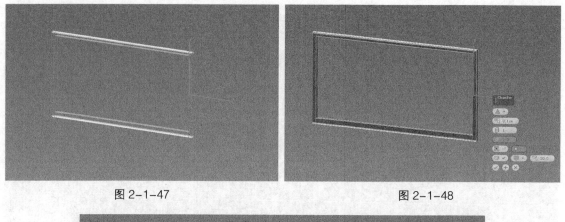

图 2-1-47　　　　　　　　　　　　　　　　图 2-1-48

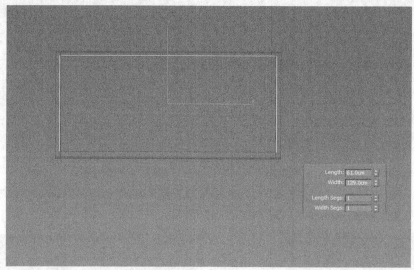

图 2-1-49

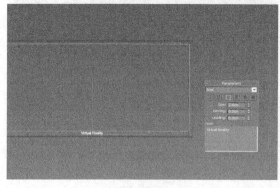

图 2-1-50　　　　　　　　　　　　　　　　图 2-1-51

（8）把制作的电视机屏幕与文字适当调整到相对的位置，将所有模型 Attach（附加）成一个模型，把物品放置在世界坐标中心。把物体的本身坐标值设定为 X 轴=0、Y 轴=0、Z 轴=0，最终模型完成，效果如图 2-1-52 所示。

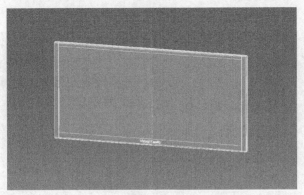

图 2-1-52

通过扫描二维码可以观察引擎中电视机模型的效果。

2.1.6　实例制作——电视柜

具体操作步骤如下。

（1）制作电视柜的模型，使用 Rectangle（矩形）工具在右视图中按实际尺寸与比例绘制一条电视柜主体侧视图的样条线。设置 Length（长度）为 48cm、Width（宽度）为 70cm。如图 2-1-53 所示。

（2）单击 Line（线）工具，在右视图中按实际尺寸与比例绘制一条电视柜柜面的侧视图样条线。设置长度为 3cm、宽度为 74.5cm。结果如图 2-1-54 所示。

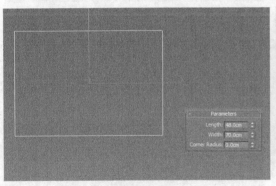

图 2-1-53

图 2-1-54

（3）使用 Line（线）工具，在右视图中按实际尺寸与比例绘制一条电视柜抽屉的侧视图样条线。设置长度为 45cm、宽度为 3cm。结果如图 2-1-55 所示。

（4）制作电视柜腿部。使用 Rectangle（矩形）工具，在右视图中按实际尺寸与比例绘制两条矩形样条线。其中，一条样条线的 Length（长度）为 18cm、Width（宽度）为 67cm，另一条的 Length（长度）为 20cm、Width（宽度）为 69cm。如图 2-1-56 所示。

（5）把上述两条样条线选中，单击鼠标右键，单击 Convert to Editable Spline 命令将它们转换为可编辑样条线，把两条可编辑样条线 Attach（附加）到一起。结果如图 2-1-57 所示。

（6）为上述 4 条样条线加载一个 Extrude（挤出）修改器。其中电视柜主体数值为 280cm，电视柜柜面数值为 285cm，电视柜抽屉数值为 90cm，电视柜腿部数值为 5cm。用移动工具把模型分别放置到相应的位置。再把所有样条线选中，右键单击，将它们转化为可编辑多边形模型。如图 2-1-58 所示。

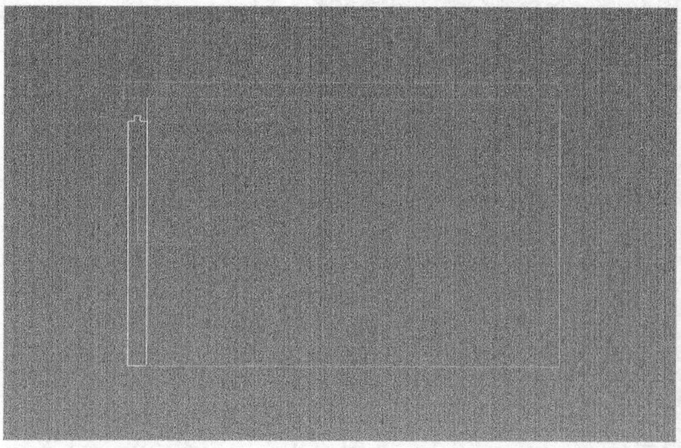

图 2-1-55

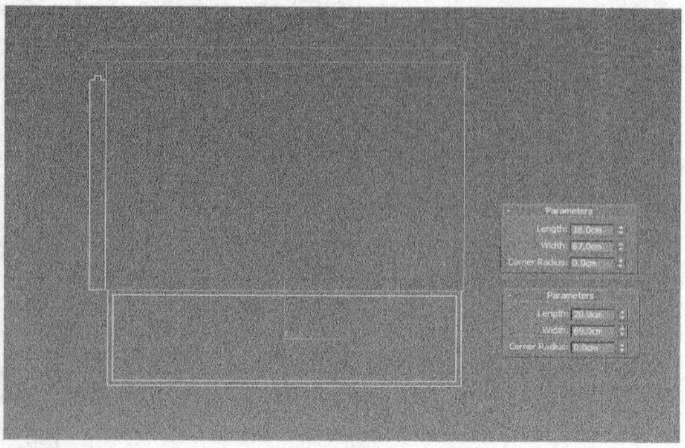

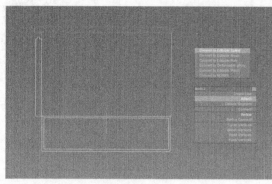

图 2-1-56

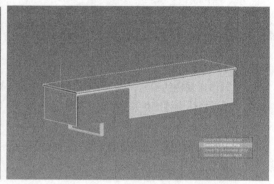

图 2-1-57

图 2-1-58

（7）把电视柜腿部模型中间的断线处理掉，在可编辑多边形点层级下，用 Cut 切线连接。结果如图 2-1-59 所示。

（8）选中 4 个电视柜部件模型的所有边，单击 Chamfer（切角）进行处理，将数值设置为 0.2cm、段数设置为 1。如图 2-1-60 所示。

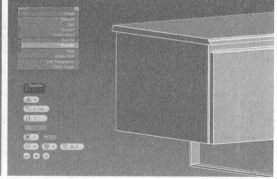

图 2-1-59

图 2-1-60

（9）把所有需要复制调整的电视柜门与电视柜腿，按照相应位置调整。中间的两个电视柜抽屉，通过之前制作的抽屉调整可编辑多边形的点，注意整体比例与尺寸。将所有模型 Attach（附加）成一个模型，把物品放置在世界坐标中心。把物体的本身坐标值设定为 X 轴=0、Y 轴=0、Z 轴=0，模型完成。效果如图 2-1-61 所示。

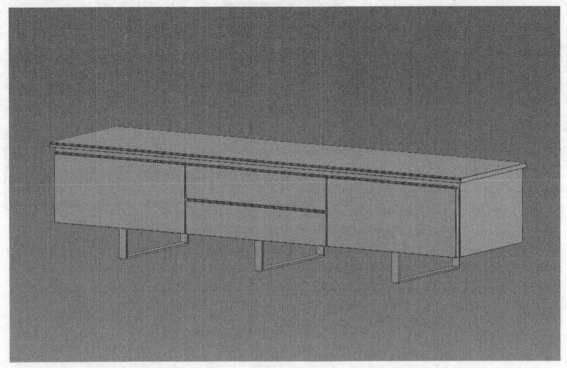

图 2-1-61

通过扫描二维码可以观察引擎中电视柜模型的效果。

2.2　对称与涡轮平滑修改器

2.2.1　对称镜像的参数

Symmetry（对称）修改器是唯一能够执行围绕 X、Y 或 Z 平面镜像网格模型任务的修改器。

其参数如下。

Parameters（参数选区）：包括基本的初始状态设置。如图 2-2-1 所示。

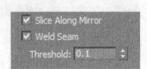

图 2-2-1

- Slice Along Mirror（沿镜像轴切片）：勾选它，使镜像 Gizmo 在定位于网格边界内部时作为一个切片平面。当 Gizmo 位于网格边界外部时，对称反射仍然作为原始网格的一部分来处理。如果不勾选 Slice Along Mirror，对称反射会作为原始网格的单独元素来进行处理。默认设置为启用。

- Weld Seam（焊接缝）：勾选它，确保沿镜像轴的顶点在阈值以内时会自动焊接，默认情况下它是被勾选的。

- Threshold（阈值）：阈值设置的值代表顶点在自动焊接起来之前的接近程度。默认值为 0.1。

 注意

将阈值设置得太高会导致网格的扭曲，特别是在镜像 Gizmo 位于原始网格边缘的外部时。

Mirror Axis（镜像轴组）：X、Y、Z——指定执行对称所围绕的轴。可以在选中轴的同时在视口中观察效果。翻转——如果想要翻转对称效果的方向请勾选 Flip（翻转）。默认情况下它未被勾选。如图 2-2-2 所示。

图 2-2-2

2.2.2 涡轮平滑的参数

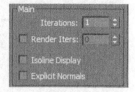

TurboSmooth（涡轮平滑修改器）产生非均匀有理数网格平滑对象（缩写为 NURBS）。此 NURBS 对象与可以为每个控制顶点设置不同权重的 NURBS 对象相似。涡轮平滑效果在锐角上效果最强并在圆形曲面上可见。在长方体上和带有小角度的几何体上使用涡轮平滑。避免在球体和与其相似的对象上使用。

Main（主体组）：用于设置涡轮平滑的基本参数。如图 2-2-3 所示。

图 2-2-3

- Iterations（迭代次数）：设置网格细分的次数。增大该值，每次新的迭代会通过在迭代之前对顶点、边和曲面创建平滑差补顶点来细分网格。修改器会细分曲面来使用这些新的顶点。默认设置为 1，范围为 0～10。增加迭代次数的效果从左到右变化。

> **注意**
>
> 对于每次迭代，对象中的顶点和曲面数量（以及计算时间）增加 4 倍。对平均适度的复杂对象应用 4 次迭代会花费很长时间来进行计算。

- Render Iters（渲染迭代次数）：允许在渲染时选择一个不同数量的平滑迭代次数应用于对象。勾选该复选框，并使用右边的字段来设置渲染迭代次数。

- Isonline Display（等值线显示）：勾选该复选框后，该软件仅显示等值线，即对象在进行光滑处理之前的原始边缘。使用它能减少混乱的显示。若不勾选此项后，该软件会显示所有通过涡轮平滑添加的曲面，使得更高的迭代次数会产生更多数量的线条。默认情况下不勾选。

> **注意**
>
> 如果要在涡轮平滑后塌陷模型或应用更多模型，应该首先禁用等值线显示。与网格平滑不同，等值线显示通过使所有边"可见"并将大量曲面组合入单独"多边形"来实现。该操作在应用基于多边形对象修改器后尤其容易出现问题，这是因为所有这些"多边形"内部的顶点都会丢失。

- Explicit Normals（明确的法线）：允许涡轮平滑修改器为输出计算法线，此方法要比 3ds Max 中网格对象平滑组中用于计算法线的标准方法迅速。默认情况下不勾选该复选框。因此，如果涡轮平滑结果直接用于显示或渲染，通常勾选此复选框会使其加快速度。同时，法线质量会稍微提高。然而，如果在涡轮平滑修改器上应用了任意的拓扑效果的修改器，例如编辑网格，这些法线会丢失并计算新的法线，对操作产生潜在的负面影响。因此，记住仅在涡轮平滑产生效果后没有修改器改变对象拓扑的情况下，勾选该复选框，这一点很重要。

Surface Parameters（曲面参数组）：允许通过曲面属性对对象应用平滑组并限制平滑效果。如图 2-2-4 所示。

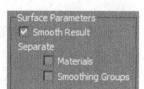

- Smooth Result（平滑结果）：对所有曲面应用相同的平滑组。
- Separate（分隔方式）：包括材质与平滑组分隔方式。
- Materials（材质）：防止在不共享材质 ID 的曲面之间的边创建新曲面。
- Smoothing Groups（平滑组）：防止在不共享至少一个平滑组的曲面之间的边上创建新曲面。

图 2-2-4

Update Options（更新选项组）：设置手动或渲染时更新选项，适用于平滑对象的复杂度过高而不能应用自动更新的情况。注意，可以同时在主组中设置更高的平滑度（仅在渲染时应用）。如图 2-2-5 所示。

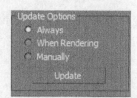

- Always（始终）：无论何时改变任何涡轮平滑设置都自动更新对象。
- When Rendering（渲染时）：仅在渲染时更新视口中对象的显示。
- Manually（手动）：勾选该单选按钮，改变的任意设置直到单击 Update（更新）按钮时才起作用。

图 2-2-5

- Update（更新）：更新视口中的对象以匹配当前涡轮平滑设置。仅在选择 When Rendering（渲染时）或 Manually（手动）时才起作用。

2.2.3　实例制作——水龙头

具体操作步骤如下。

（1）制作水龙头的模型。在视图顶视图，创建两个 Cylinder（圆柱体）几何图形。

其中一个 Radius（半径）为 2.5cm、Height（高度）为 15cm、Sides（边数）为 16。

另一个，Radius（半径）为 2.5cm、Height（高度）为 2.5cm、Sides（边数）为 20。

继续在前视图创建 1 个 Cylinder（圆柱体）几何图形，其 Radius（半径）为 1.3cm、Height（高度）为 11cm、Sides（边数）为 12，按相对应位置摆放。如图 2-2-6 所示。

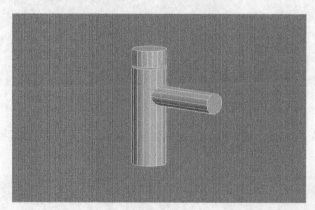

图 2-2-6

（2）把以上 3 个水龙头部件转为可编辑多边形，在视图中通过 Inset（插入）与 Extrude（挤出）的操作来调整水龙头开关部位的模型，完成把手开关的基础造型。如图 2-2-7 所示。

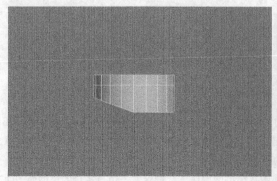 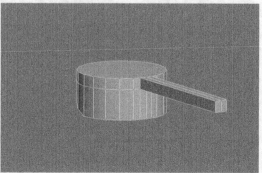

图 2-2-7

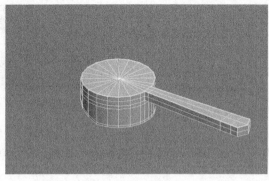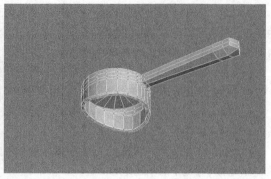

图 2-2-7（续）

（3）调整水龙头水嘴模型造型，增加 8 条线段，用移动与旋转工具调整模型点使其弯曲。效果如图 2-2-8 所示。

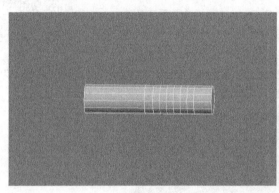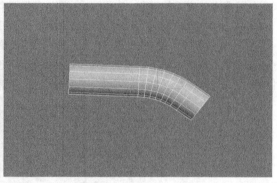

图 2-2-8

（4）继续调整水龙头主体造型，增加相应线段，为后面运用布尔工具与龙头水嘴衔接做准备。如图 2-2-9 所示。

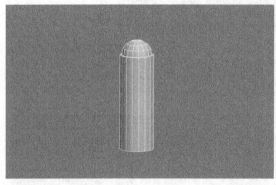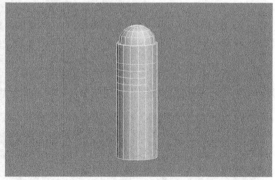

图 2-2-9

（5）选中调整之后的水龙头主体，在几何体 Compound Objects（符合对象）中，运用 Boolean（布尔）工具，选择 Reference（参考）与 Union（并集），单击 Pick Operand B（拾取操作对象 B）拾取水龙头嘴，接着把运算出的模型转为可编辑多边形模型。如图 2-2-10 所示。

（6）选中通过布尔运算之后的水龙头主体，在顶视图在模型面层级下，删除右半边与多余的模型面。通过 Cut 命令，把模型的线连接，增加环形线段，用移动工具稍加调整。如图 2-2-11 所示。

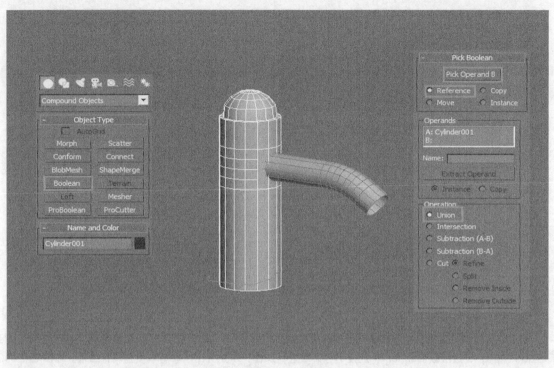

图 2-2-10

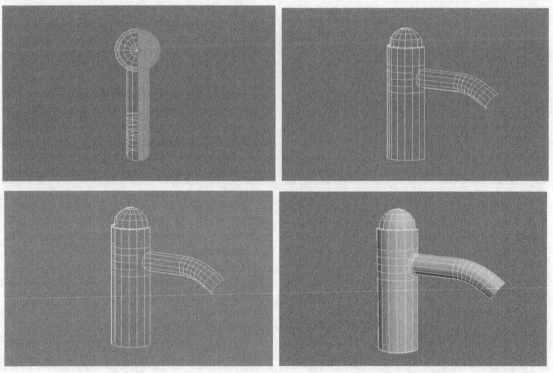

图 2-2-11

（7）给水龙头主体模型，加载一个 Symmetry（对称）修改器，在对称修改器参数面板上把 Flip（翻转）勾选上，设置 Threshold（阈值）为 0.05cm。接着将此模型转化为可编辑多边形。如图 2-2-12 所示。

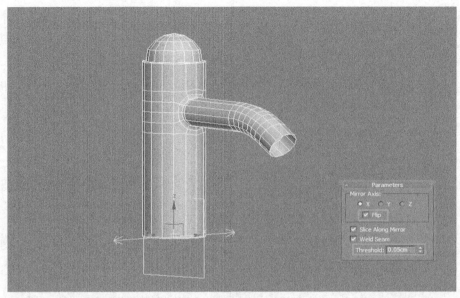

图 2-2-12

（8）继续调整水龙头出水口位置的模型，通过模型边界层级 Cap（封口）、多边形层级 Inset（插入）与 Extrude（挤出）、边层级 Connect（连接）等命令进行操作，水龙头出水口基本模型调整结束。如图 2-2-13 所示。

图 2-2-13

（9）给水龙头主体与水龙头把手分别加载一个 TurboSmooth（涡轮平滑）修改器，Iterations（迭代次数）设置为 2。接着把两个模型转化为可编辑多边形模型。如图 2-2-14 所示。

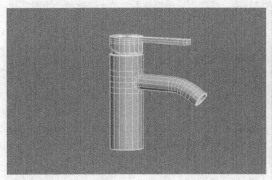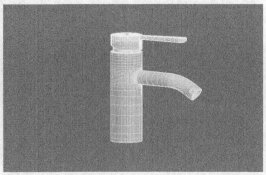

图 2-2-14

（10）将所有模型 Attach（附加）成一个模型，通过涡轮平滑处理的模型面数较高，需要适当减面优化，优化后把物品放置在世界坐标中心。把物体的本身坐标值设定为 X 轴=0，Y 轴=0，Z 轴=0，最终模型完成。效果如图 2-2-15 所示。

图 2-2-15

通过扫描二维码可以观察引擎中水龙头模型的效果。

2.2.4　实例制作——洗手盆

具体操作步骤如下。

（1）制作洗手盆的模型。在正侧顶视图中，用 Box 搭建洗手盆的一半的大体轮廓。

建立 Box001，为其设置 Length（长度）5.5cm、Width（宽度）38cm、Height（高度）50cm。

建立 Box002，为其设置 Length（长度）5.5cm、Width（宽度）27cm、Height（高度）50cm。

建立 Box003，为其设置 Length（长度）7cm、Width（宽度）26cm、Height（高度）44cm。

建立 Box004，为其设置 Length（长度）65cm、Width（宽度）20cm、Height（高度）18cm。

如图 2-2-16 所示。

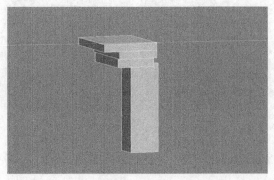

图 2-2-16

（2）把建立好的 Box 模型转为可编辑多边形，通过连接线段、调整点，调整洗手盆的大体造型。如图 2-2-17 所示。

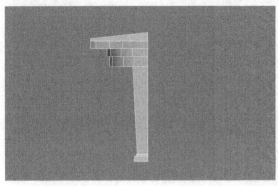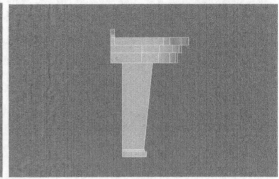

图 2-2-17

（3）把 Box001、Box002、Box003 附加到一起，通过连接线段、剪切等命令继续细化洗手盆主体的造型，把水盆结构用线条表达清楚。如图 2-2-18 所示。

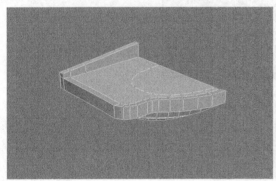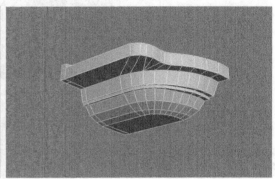

图 2-2-18

（4）继续调整洗手盆主体。把水槽制作出来，把边缘的平行线预留出来，为模型添加 TurboSmooth（涡轮平滑）修改器做好准备。如图 2-2-19 所示。

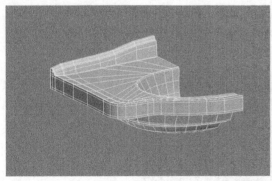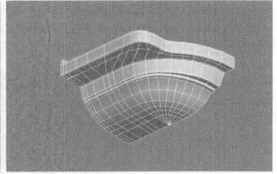

图 2-2-19

（5）在洗手盆下方柱体边缘处加入平行线，为模型添加 TurboSmooth（涡轮平滑）修改器做好准备。如图 2-2-20 所示。

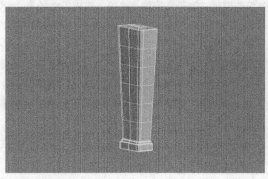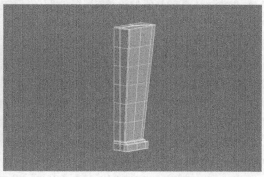

图 2-2-20

（6）把洗手盆主体模型与洗手盆下方柱体附加到一起，加载一个 Symmetry（对称）修改器，在对称修改器参数面板上把 Flip（翻转）勾选上，将 Threshold（阈值）设置为 0.05cm。接着，把此模型转为外可编辑多边形。如图 2-2-21 所示。

（7）为整体水盆模型加载一个 TurboSmooth（涡轮平滑）修改器，将 Iterations（迭代次数）设置为 2，接着，把模型转为可编辑多边形模型，洗手盆的模型制作完成了。效果如图 2-2-22 所示。

图 2-2-21　　　　　　　　　　　　　图 2-2-22

通过扫描二维码可以观察引擎中洗手盆模型的效果。

2.3　FFD 与壳修改器

2.3.1　FFD 修改器

FFD 修改器使用晶格框包围选中几何体。通过调整晶格的控制点，可以改变封闭几何体的形状。3 个 FFD 修改器，每个提供不同的晶格解决方案：FFD 2×2×2、FFD 3×3×3 与 FFD 4×4×4。以 3×3×3 修改器为例，它提供具有 3 个控制点（控制点穿过晶格每个方向）的晶格或在每个侧面都有 1 个控制点（共 9 个）。

Modifier Stack（修改器堆栈）：在修改器堆栈显示中，显示 Control Points（控制点）、Lattice（晶格）与 Set Volume（设置体积）。如图 2-3-1 所示。

- Control Points（控制点）：在此子对象层级，可以选择并操纵晶格的控制点，可以一次处理一个或以组为单位处理（使用标准方法选择多个对象）。控制点可以使用标准变形方法。操纵控制点将影响基本对象的形状。当修改控制点时如果勾选 Auto Key（自动关键点）选项，此点将变为动画。

图 2-3-1

- Lattice（晶格）：在此子对象层级，可从几何体中单独摆放、旋转或缩放晶格框。如果勾选了 Auto Key（自动关键点），此晶格将变为动画。如果先应用 FFD，默认晶格是一个包围几何体的边界框。移动或缩放晶格时，仅位于体积内的顶点子集合可应用局部变形。

- Set Volume（设置体积）：在此子对象层级，变形晶格控制点变为绿色，选择并操作控制点不影响修改对象。这使晶格能更精确地符合不规则形状对象，这将在变形时提供更好的控制。Set Volume（设置体积）主要用于设置晶格原始状态。如果控制点已是动画或勾选了自动关键点，此时 Set Volume（设置体积）与子对象层级上的"控制点"使用一样，在操作点时改变对象形状。

Display（显示组）：包括 Lattice（晶格）与 Source Volume（源体积）选项，这些选项将影响 FFD 在视口中的显示。如图 2-3-2 所示。

- Lattice（晶格）：将绘制连接控制点的线条以形成栅格，虽然绘制的线条有时会使视口显得混乱，但它们可以使晶格形象化。

- Source Volume（源体积）：控制点和晶格会以未修改的状态显示，处于"晶格"选择级别上时，这将帮助摆放源体积位置。要查看位于源体积（可能会变形）中的点，则单击堆栈中关闭灯泡图标取消激活修改器。

Deform（变形组）：包括 Only In Volume（仅在体内）与 All Vertices（所有顶点）两个选项，这些选项所提供的控件用来指定哪些顶点受 FFD 影响。如图 2-3-3 所示。

图 2-3-2   图 2-3-3

- Only In Volume（仅在体内）：只有位于源体积内的顶点会变形。默认情况下处于选中状态。
- All Vertices（所有顶点）：将所有顶点变形，不管它们位于源体积的内部还是外部。

Control Points（控制点组）：包括 Reset（重置）、Animate All（全部动画化）、Conform to Shape（与图形一致）、Inside Points（内部点）、Outside Points（外部点）与 Offset（偏移）参数选项。如图 2-3-4 所示。

- Reset（重置）：将所有控制点返回到它们的原始位置。

- Animate All（全部动画化）：将"点 3"控制器指定给所有控制点，这样它们在"轨迹视图"中立即可见。默认情况下，FFD 晶格控制点将不在"轨迹视图"中显示出来，因为没有给它们指定控制器。但是在设置控制点动画时，给它指定了控制器，则它在"轨迹视图"中可见。使用 Animate All（全部动画化），也可以添加和删除关键点和执行其他关键点操作。

图 2-3-4

- Conform to Shape（与图形一致）：在对象中心控制点位置之间沿直线延长线，将每一个 FFD 控制点移到修改对象的交叉点上，这将增加一个由"偏移"微调器指定的偏移距离。将 Conform to Shape（与图形一致）应用到规则图形效果很好，如基本体。它对退化（长、窄）面或锐角效果不佳，因为它们没有相交的面。

- Inside Points（内部点）：仅控制受 Conform to Shape（与图形一致）影响的对象内部点。
- Outside Points（外部点）：仅控制受 Conform to Shape（与图形一致）影响的对象外部点。
- Offset（偏移）：受 Conform to Shape（与图形一致）影响的控制点偏移对象曲面的距离。

2.3.2 壳修改器

Shell（壳）修改器是通过添加一组朝向现有面相反方向的额外面，"凝固"对象或者为对象赋予厚度，曲面在原始对象中的任何地方消失，边将连接内部和外部曲面。

Inner Amount（内部量）与 Outer Amount（外部量）：通过使用 3ds Max 通用单位的距离，将内部曲面从原始位置向内移动，将外曲面从原始位置向外移动。默认设置为 0.0/1.0。两个"数量"设置值决定了对象壳的厚度，也决定了边的默认宽度。如果将厚度和宽度都设置为 0，则生成的壳没有厚度，并将类似于对象的显示设置为双边。如图 2-3-5 所示。

Segments（分段）：每一边的细分值。默认设置为 1。假如边需要更大的分辨率，请使用后续模型或修改器来更改设置。注意，当使用"倒角"样条线时，样条线的属性覆盖该设置。如图 2-3-5 所示。

Bevel Edges（倒角边）：勾选该选项后，并指定"倒角样条线"，该软件会使用样条线定义边的剖面和分辨率。默认状态下不被勾选。定义"倒角样条线"后，使用"倒角边"在直边和自定义剖面之间切换，该直边的分辨率由"分段"设置定义，该自定义剖面由"倒角样条线"定义。如图 2-3-5 所示。

Bevel Spline（倒角样条线）：单击此按钮，然后选择打开样条线定义边的形状和分辨率。对闭合的形状不起作用。如图 2-3-5 所示。

Override Inner Mat ID（覆盖内部材质 ID）：如图 2-3-6 所示。

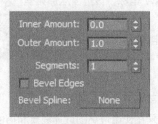
图 2-3-5

图 2-3-6

勾选此选项，使用"内部材质 ID"参数，为所有的内部曲面多边形指定材质 ID。如果没有指定材质 ID，曲面会使用同一材质 ID 或者和原始面一样的 ID。

Inner Mat ID（内部材质 ID）：如图 2-3-6 所示。

为内部面指定材质 ID。只在勾选 Override Inner Mat ID（覆盖内部材质 ID）选项后可用。覆盖外部材质 ID——勾选此选项，使用"外部材质 ID"参数，为所有的外部曲面多边形指定材质 ID。如果没有指定材质 ID，曲面会使用同一材质 ID 或者和原始面一样的 ID。

Override Outer Mat ID（覆盖外部材质 ID）：如图 2-3-6 所示。

勾选此选项，使用"外部材质 ID"参数，为所有的外部曲面多边形指定材质 ID。如果没有指定材质 ID，曲面会使用同一材质 ID 或者和原始面一样的 ID。

Outer Mat ID（外部材质 ID）：如图 2-3-6 所示。

为外部面指定材质 ID。只在勾选 Override Outer Mat ID（覆盖外部材质 ID）时，选项后可用。

Override Edge Mat ID（覆盖边材质 ID）：如图 2-3-6 所示。

勾选此选项，使用"边材质 ID"参数，为所有的新边多边形指定材质 ID。如果没有指定材质 ID，曲面会使用同一材质 ID 或者和与导出边的原始面一样的 ID。

Edge Mat ID（边材质 ID）：如图 2-3-6 所示。

为边的面指定材质 ID。只在勾选 Override Edge Mat ID（覆盖边材质 ID）选项后可用。

Auto Smooth Edge（自动平滑边）：如图 2-3-7 所示。

使用 Angle（角度）参数，应用自动、基于角平滑到边面。不选中此选项时，不应用平滑。默认情况下为被勾选。该选项不适用于平滑到边面与外部/内部曲面之间的连接。

图 2-3-7

Angle（角度）：如图 2-3-7 所示。

在边面之间指定最大角，该边面由 Auto Smooth Edge（自动平滑边）平滑。

只在勾选 Auto Smooth Edge（自动平滑边）选项之后可用。默认设置为 45.0。大于此值的接触角的面将不会被平滑。

Override Edge Smooth Grp（覆盖边平滑组）：如图 2-3-7 所示。

使用 Smooth Grp（平滑组）设置，用于为新边多边形指定平滑组。只在禁用"自动平滑边"选项之后可用。

Smooth Grp（平滑组）：如图 2-3-7 所示。

为边多边形设置平滑组。只在启用 Override Edge Smooth Grp（覆盖平滑组）选项后可用。默认值为 0。当该参数设置为默认值 0 时，将不会有平滑组被指定为边多边形。要指定平滑组，请更改值为 1~32。当"自动平滑边"和"覆盖平滑组"都不被勾选时，3ds Max 会为边多边形指定平滑组 31。

Edge Mapping（边贴图）：指定应用于新边的纹理贴图类型。从下拉列表中选择贴图类型，包括 Copy（复制）、None（无）、Strip（剥离）、Interpolate（插值）4 个选项。如图 2-3-8 所示。

图 2-3-8

- Copy（复制）：每个边面使用和原始面一样的 UVW 坐标，该边面从原始坐标中导出。

- None（无）：将每个边的 U 值指定为 0，V 值指定为 1。因此，假如指定贴图，边将获取左上方像素的颜色。

- Strip（剥离）：将用壳命令修改后的边缘 UV 拆分。

- Interpolate（插值）：将边贴图插值在与内部和外部曲面多边形相邻的贴图中。

- TV Offset（TV 偏移）：确定边的纹理顶点间隔。只在使用边贴图选择剥离和插值时才可用。默认设置为 0.05。增加该值会使边多边形的纹理贴图重复。

Select Edges（选择边）：选择边。从其他修改器的堆栈上传递此选择。如图 2-3-8 所示。

Select Inner Faces（选择内部面）：选择内部面。从其他修改器的堆栈上传递此选择。如图 2-3-8 所示。

Select Outer Faces（选择外部面）：选择外部面。从其他修改器的堆栈上传递此选择。如图 2-3-8 所示。

Straighten Corners（将角拉直）：调整角顶点以维持直线边。如果使用直边将"壳"应用到细分对象上，例如将一个框设置为 3×3×3 分段，可能会发现角顶点不和其他边顶点在一条直线上。这会使边看起来是凸出的。要解决此问题，请勾选本选项。如图 2-3-8 所示。

2.3.3 实例制作——马桶

马桶

具体操作步骤如下。

（1）制作马桶的模型，在正侧顶视图中，用 Box 搭建马桶一半的大体轮廓。

建立 Box001，设置其为 Length（长度）70cm、Width（宽度）20cm、Height（高度）42cm。

建立 Box002，设置其为 Length（长度）19cm、Width（宽度）20cm、Height（高度）40cm。

建立 Box003，设置其为 Length（长度）50cm、Width（宽度）20cm、Height（高度）4cm。

如图 2-3-9 所示。

（2）调整 Box001、Box002、Box003 的造型，通过加线调整点的方式调整马桶一半的造型。如图 2-3-10 所示。

（3）选择调整后的模型对应的点，加载一个 FFD 4×4×4 修改器，调整马桶前端的弧度造型。如图 2-3-11 所示。

（4）调整马桶下方整体模型布线，在边缘处加入平行线，为模型添加 TurboSmooth（涡轮平滑）修改器做好准备。如图 2-3-12 所示。

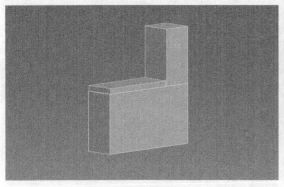

图 2-3-9

图 2-3-10

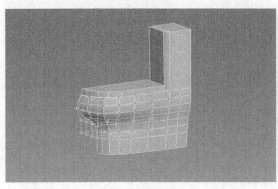

图 2-3-11

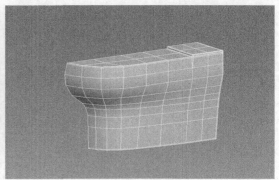

图 2-3-12

（5）在正视图调整马桶水箱的造型，加载一个 FFD 2×2×2 修改器，调整马桶水箱侧面的弧度。如图 2-3-13 所示。

（6）调整马桶水箱模型布线，把模型分为水箱与水箱盖，把缺少的面补上，在模型边缘处加入平行线，为模型添加 TurboSmooth（涡轮平滑）修改器做好准备。如图 2-3-14 所示。

图 2-3-13

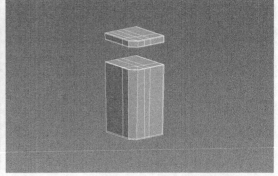

图 2-3-14

（7）调整马桶盖模型布线前端的弧度。在模型边缘处加入平行线，为模型添加 TurboSmooth（涡轮平滑）修改器做好准备。如图 2-3-15 所示。

（8）制作马桶冲水按钮。在水箱盖上创建一个圆柱体，其 Radius（半径）为 2.5cm、Height（高度）为 0.5cm。把圆柱体转为可编辑多边形，通过连接线段，调整线段高度，调整模型造型。如图 2-3-16 所示。

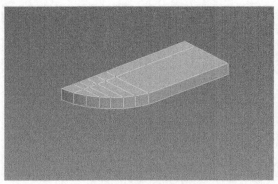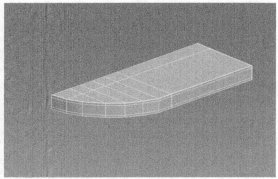

图 2-3-15

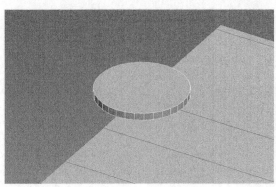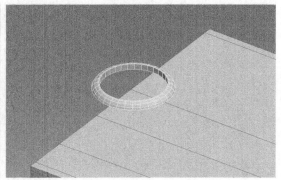

图 2-3-16

（9）制作冲水按钮部分，建立适当的圆柱，转为可编辑多边形，增加线段，调整按钮轮廓造型。如图 2-3-17 所示。

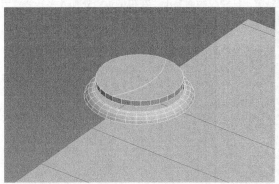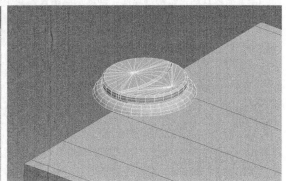

图 2-3-17

（10）把调整一半的马桶主体、马桶水箱与马桶盖附加到一起，加载一个 Symmetry（对称）修改器，在对称修改器参数面板上勾选 Flip（翻转），Threshold（阈值）设置为 0.05cm。接着把此模型转化为可编辑多边形。如图 2-3-18 所示。

（11）把马桶主体与马桶冲水按钮附加成一个物体，为整体马桶模型加载一个 TurboSmooth（涡轮平滑）修改器，将 Iterations（迭代次数）设置为 2。接着把模型转化为可编辑多边形模型，马桶的模型制作完成了。如图 2-3-19 所示。

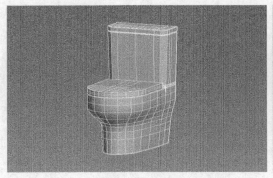

图 2-3-18　　　　　　　　　　　　　　图 2-3-19

通过扫描二维码可以观察引擎中马桶模型的效果。

2.3.4　实例制作——冰箱

具体操作步骤如下。

（1）制作冰箱的模型，在正侧顶视图中，用 Box 建立冰箱的大体轮廓。

建立 Box001，设置其 Length（长度）为 54cm、Width（宽度）为 58cm、Height（高度）为 180cm。

建立 Box002，设置其 Length（长度）为 4cm、Width（宽度）为 60cm、Height（高度）为 4cm。

建立 Box003，设置其 Length（长度）为 3cm、Width（宽度）为 58cm、Height（高度）为 100cm。

如图 2-3-20 所示。

（2）把冰箱主体 Box001 转化为可编辑多边形，将所有边缘进行切角处理，选择所有边进行 Chamfer（切角），数值为 0.1cm，分段数值为 1。如图 2-3-21 所示。

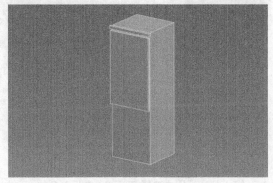

图 2-3-20

（3）将冰箱主体 Box001 所有边缘进行切角处理之后，加入平行线，把面的光滑组设置为 1。使冰箱主体边缘圆滑。如图 2-3-22 所示。

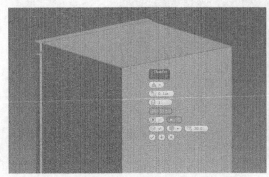

图 2-3-21　　　　　　　　　　　　　　图 2-3-22

（4）将 Box002 转化为可编辑多边形，选择相应边，连接线段，段数为 13 段。如图 2-3-23 所示。

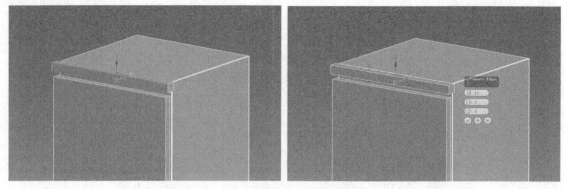

图 2-3-23

（5）从顶视图中选择 Box002 中相对应的点，加载一个 FFD3×3×3 修改器，调整顶视图外边缘的弧度。如图 2-3-24 所示。

（6）将 Box003 转化为可编辑多边形，选择相应边，连接线段，段数为 13 段。如图 2-3-25 所示。

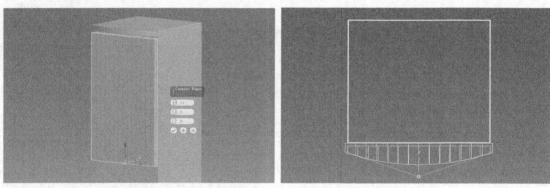

图 2-3-24   图 2-3-25

（7）从顶视图中选择 Box003 中相对应的点，加载一个 FFD3×3×3 修改器，调整顶视图外边缘的弧度。与 Box002 外边缘弧度大体一致。如图 2-3-26 所示。

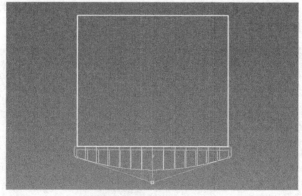

图 2-3-26

（8）单独显示 Box003，删掉其背面，然后在 Box003 中加载 Shell（壳）命令，将 Inner Amount（内部量）设置为 2cm、Outer Amount（外部量）设置为 0cm，勾选 Straighten Corners（将角拉直）选项。如图 2-3-27 所示。

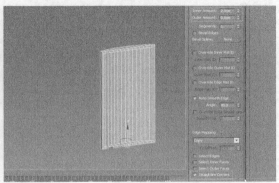

图 2-3-27

（9）选择 Box003 相对应的面，复制成新的模型 Box004。在 Box004 中加载 Shell（壳）命令，将 Inner Amount（内部量）设置为 0.5cm、Outer Amount（外部量）设置为 0cm。然后加载 FFD2×2×2，在顶视图调整整体轮廓并将其扩大，如图 2-3-28 和图 2-3-29 所示。

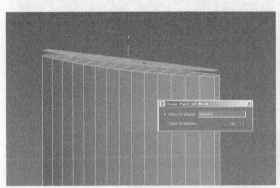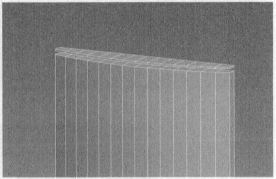

图 2-3-28

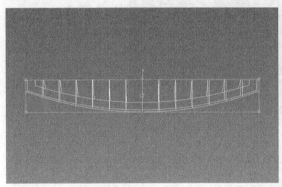

图 2-3-29

（10）用复制上方模型的方式，复制出下方冰箱门，制作冰箱门胶皮垫模型放置相应的位置，然后调整模型位置。如图 2-3-30 所示。

（11）制作冰箱把手，从顶视图建立一条样条线，将其生成为圆柱，设置 Thickness（厚度）数值为 75cm、Sides（边）为 16。结果如图 2-3-31 所示。

（12）将冰箱门部分的整体模型加入平行线处理，把边缘处理圆滑。将整体光滑组设定为 1。最后把整体模型附加成一个物体，冰箱的模型就制作完成了。效果如图 2-3-32 所示。

图 2-3-30

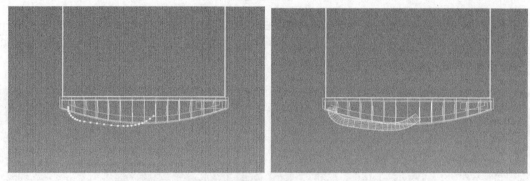

图 2-3-31

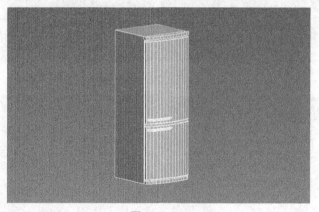

图 2-3-32

通过扫描二维码可以观察引擎中冰箱模型的效果。

2.4 修改器中 UVW 贴图的参数设置

2.4.1 UVW 贴图修改器

　　UVW 贴图修改器通过将贴图坐标应用于对象，控制在对象曲面上贴图材质和程序材质的显示方式。贴图坐标指定如何将位图投影到对象上。UVW 坐标系与 XYZ 坐标系相似。位图的 U 和 V 轴对应于 X 和 Y 轴。对应于 Z 轴的 W 轴一般仅用于程序贴图，如图 2-4-1 和图 2-4-2 所示。

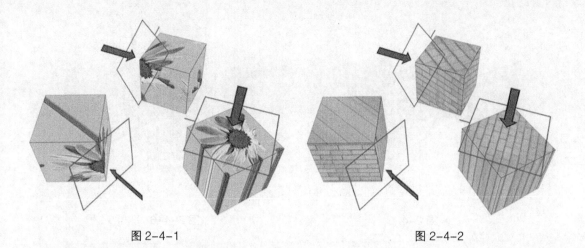

图 2-4-1　　　　　　　　　　　　　　　　　　　　图 2-4-2

Mapping（贴图组）：确定所使用的贴图坐标的类型。通过贴图在几何上投影到对象上的方式以及投影与对象表面交互的方式，来区分不同种类的贴图。如图 2-4-3 和图 2-4-4 所示。

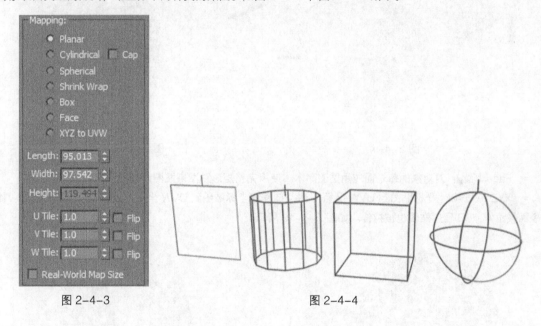

图 2-4-3　　　　　　　　　　　　　　　　图 2-4-4

● Planar（平面）：对象上的一个平面投影贴图，类似于投影幻灯片。它还可用于倾斜侧面贴图。如图 2-4-5 所示。

● Cylindrical（柱形）：以圆柱体投影贴图，使贴图包裹对象。位图接合处的缝是可见的，除非使用无缝贴图。圆柱形投影用于基本形状为圆柱形的对象。

● Cap（封口）：对圆柱体封口应用平面贴图坐标。如图 2-4-6 所示。

● Spherical（球形）：以球体投影贴图来包围对象。在球体顶部和底部，位图边与球体两极交汇处会看到缝和贴图奇点。球形投影用于基本形状为球形的对象。如图 2-4-7 所示。

● Shrink Wrap（收缩包裹）：使用球形贴图，但是它会截去贴图的各个角，然后在一个单独极点将它们全部结合在一起，仅创建一个奇点。收缩包裹贴图用于隐藏贴图奇点。

● Box（长方体）：给长方体的 6 个侧面投影贴图。每个侧面投影为一个平面贴图，且表面上的效果取决于曲面法线。从其法线几乎与其每个面的法线平行的最接近长方体的表面开始贴图。如图 2-4-8 所示。

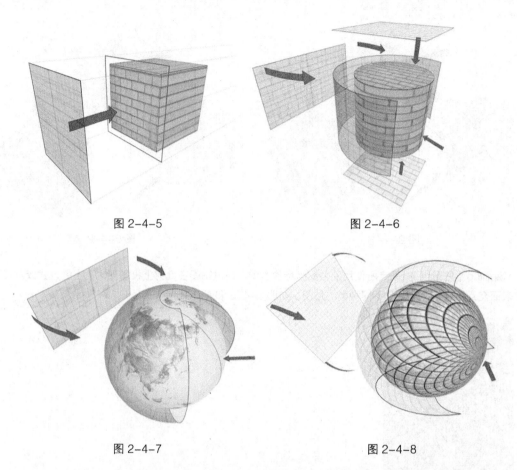

图 2-4-5   图 2-4-6

图 2-4-7   图 2-4-8

- Face（面）：对对象的每个面应用贴图副本。使用完整矩形贴图来贴图，如图 2-4-9 所示。
- XYZ to UVW（坐标贴图到 UVW 坐标）：将 3D 程序坐标贴图到 UVW 坐标。该程序纹理贴在表面。如果表面被拉伸，3D 程序贴图也被拉伸。如图 2-4-10 所示。

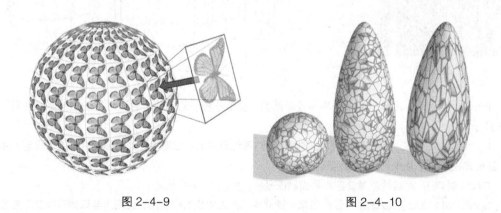

图 2-4-9   图 2-4-10

- Length/Width/Height（长度/宽度/高度）：指定"UVW 贴图"Gizmo 的尺寸。在应用修改器时，贴图图标的默认缩放由对象的最大尺寸定义。
- U/V/W Tile（U/V/W 平铺）：用于指定 UVW 贴图的尺寸以便平铺图像。
- Flip（翻转）：绕给定轴翻转图像。
- Real-World Map Size（真实世界贴图大小）：仅可使用平面、柱形、球形和长方体贴图类型。同样，如果其他选项（"收缩包裹"、"面""XYZ 到 UVW"）之一处于活动状态，则该选项不可用。

Channel（通道组）：每个对象最多可拥有 99 个 UVW 贴图坐标通道；每个修改器各有一个。默认贴图通道始终为通道 1。"UVW 贴图"修改器可为任何通道指定坐标。这样，在同一个面上可同时存在多组坐标。

图 2-4-11

> **注意**
> UVW 贴图修改器一次仅用于一个贴图通道。当更改通道时，3ds Max 会将当前编辑操作复制到新的通道，但不显示提示信息。要在不同的通道中应用不同的 UVW 贴图，请使用多个修改器（UVW 展开或"UVW 贴图"）。如图 2-4-11 所示。

- Map Channle（贴图通道）：设置贴图通道。"UVW 贴图"修改器默认为通道 1，因此贴图以默认方式工作，除非显式更改为其他通道。默认值为 1。范围为 1～99。

如果指定一个不同的通道，请确保应当使用该贴图通道的对象材质中的所有贴图也都设置为该通道。在修改器堆栈中可使用多个"UVW 贴图"修改器，每个修改器控制材质中不同贴图的贴图坐标。

- Vertex Color Channel（顶点颜色通道）：选择此选项后，可以依据节点色彩指定贴图通道。

Alignment（对齐组）：调整 Gizmo 的对齐方向，在默认情况下，Gizmo 总是对齐对象的 Z 轴方向。如图 2-4-12 所示。

图 2-4-12

- X/Y/Z：选择其中之一，可翻转贴图 Gizmo 的对齐。每项指定 Gizmo 的哪个轴与对象的局部 Z 轴对齐。
- Manipulate（操纵）：启用时，Gizmo 出现在视口中可以改变参数的对象上。当 Real-World Map Size（真实世界贴图大小）被勾选时，仅可对平面与长方体类型贴图使用操纵。
- Fit（适配）：将 Gizmo 适配到对象的范围并使其居中，以使其锁定到对象的范围。在 Real-World Map Size（真实世界贴图大小）被勾选时，此选项不可用。
- Center（居中）：移动 Gizmo，使其中心与对象的中心一致。
- Bitmap Fit（位图适配）：显示标准的位图文件浏览器，使其可以拾取图像。在 Real-World Map Size（真实世界贴图大小）被勾选时，此选项不可用。对于平面贴图，贴图图标被设置为图像的纵横比。对于圆柱形贴图，高度（而不是 Gizmo 的半径）被缩放以匹配位图。
- Normal Align（法线对齐）：单击并在要应用修改器的对象曲面上拖动。Gizmo 的原点放在鼠标在曲面所指向的点，Gizmo 的 XY 平面与该面对齐。Gizmo 的 X 轴位于对象的 XY 平面上。法线对齐考虑了平滑组并使用插补法线，这基于面平滑。因此，可将贴图图标定向至曲面的任何部分，而不是令其自己捕捉到面法线。
- View Align（视图对齐）：将贴图 Gizmo 重定向为面向活动视口。图标大小不变。
- Region Fit（区域适配）：激活一个模式，在视口中拖动以定义贴图 Gizmo 的区域。不影响 Gizmo 的方向。在 Real-World Map Size（真实世界贴图大小）被勾选时，此选项不可用。
- Reset（重置）：删除控制 Gizmo 的当前控制器，并插入使用"拟合"功能初始化的新控制器。
- Acquire（获取）：在拾取对象以从中获得 UVW 时，从其他对象有效复制 UVW 坐标。一个对话框会提示选择是以绝对方式还是相对方式完成获得。单击该按钮，弹出 Acquire UVW Mapping（获取 UVW 贴图）对话框。
- Acquire Relative（获取相对值）：获得的贴图 Gizmo 会刚好放在所拾取的贴图 Gizmo 的顶部。
- Acquire Absolute（获取绝对值）：获得的贴图 Gizmo 放在选定对象上方。
- Display（显示选区）：确定贴图不连续性（也称为结合口）是否以及如何显示在视口中，仅在 Gizmo 子对象层级处于活动状态时显示结合口。
- Show No Seams（不显示接缝）：视口中不显示贴图边界。这是默认选择。
- Thin Seam Display（显示薄的接缝）：使用相对细的线条，在视口中显示对象曲面上的贴图边界。放大或缩小视图时，线条的粗细保持不变。

- Thick Seam Display（显示厚的接缝）：使用相对粗的线条，在视口中显示对象曲面上的贴图边界。在放大视图时，线条变粗；而在缩小视图时，线条变细。

2.4.2 UVW 变换修改器

UVW 变换修改器可以调整现有 UVW 坐标中的平铺和偏移。如果有一个对象已经应用了复杂的 UVW 坐标（例如"放样"对象，或者具有生成坐标的参数对象），那么可以应用此修改器，来进一步调整那些坐标。

Mapping（贴图组）：可以改变内置的坐标信息的平铺与偏移位置。如图 2-4-13 所示。

- U/V/W Tile（U/V/W 平铺）：用于改变内置 UVW 贴图的平铺位置。
- U/V/W Offset（U/V/W 偏移）：在指定的轴坐标方向移动贴图。
- Rotation（自转）：旋转贴图。

Channel（通道组）：可以指定是否将变换应用于贴图通道或顶点颜色通道，以及使用哪个通道。如图 2-4-14 所示。

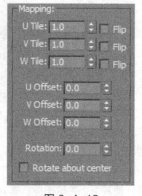

图 2-4-13   图 2-4-14

- Map Channel（贴图通道）：指定用于贴图的 UVW 通道。使用微调器来设置通道编号。
- Vertex Color Channel（顶点颜色通道）：对贴图使用顶点颜色通道。
- Apply To Entire Object（应用于整个对象）：如果 UVW 变换修改器应用于活动子对象选择，例如面或面片，那么这个开关会控制 UVW 变换修改器的设置是只影响对原来的子对象选择，还是会影响整个对象。

2.4.3 实例制作——梳妆台

具体操作步骤如下。

（1）制作梳妆台的模型。首先制作梳妆台镜面部分的模型，建立 Box001，设置其 Length（长度）为 3cm、Width（宽度）为 95cm、Height（高度）为 75cm，如图 2-4-15 所示。

（2）将 Box001 转为可编辑网络，选择相对应的面进行（Inset）插入处理，数值为 2cm，如图 2-4-16 所示。

（3）把相对应的面进行（Inset）插入处理后，删除当前面，进行内部面补面处理后，加入镜面的片，如图 2-4-17 所示。

（4）在测试图建立两条梳妆台主体的样条线：Line001 与 Line002。然后将 Line001 与 Line002 加入 Extrude 命令，数值分别为 4cm 与-90cm，将其转为可编辑多边形模型。把 Line001 复制到梳妆台左边相对应的位置，如图 2-4-18 所示。

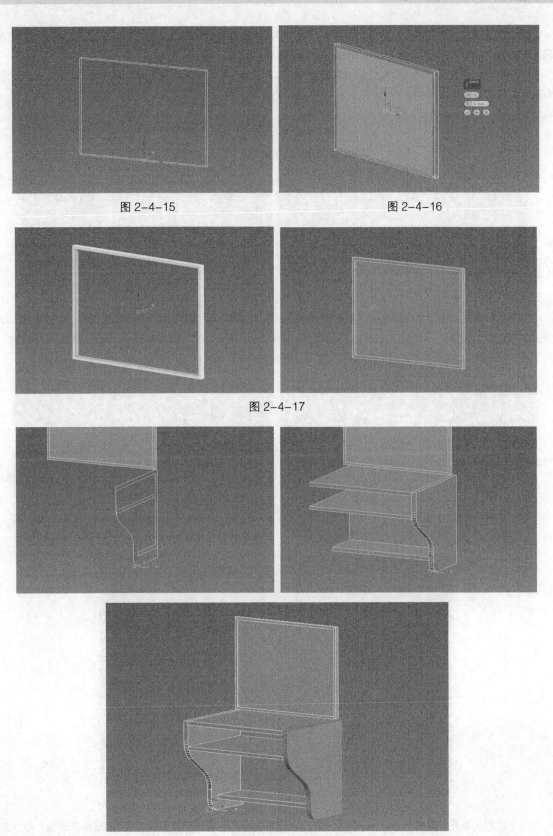

图 2-4-15　　　　　　　　　　　　　　图 2-4-16

图 2-4-17

图 2-4-18

（5）制作梳妆台抽屉部分。建立 Box002 与 Box003，将其尺寸设置为 Length（长度）4cm、Width（宽度）45cm、Height（高度）17.5cm，放置在相应的位置。如图 2-4-19 所示。

（6）将整体模型进行切角处理，数值为 0.12cm。之后加入平行线，把所有模型光滑组设定为 1。模型制作完成。如图 2-4-20 所示。

 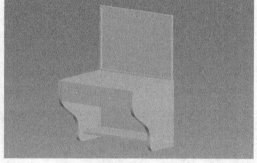

图 2-4-19 图 2-4-20

（7）用一张白色木纹的纹理贴图，赋予模型相应的体。为所有模型赋予 UVW 贴图修改器。运用贴图 Box 长方体的模型，设置其 Length（长度）、Width（宽度）、Height（高度）均为 80cm。根据不同结构调整对齐的 X、Y、Z 轴向。确定木纹在模型上的大致方向。如图 2-4-21 所示。

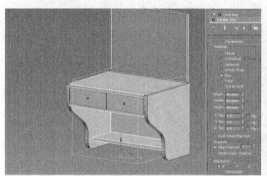 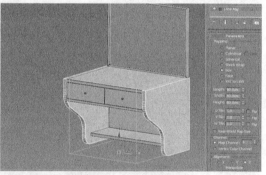

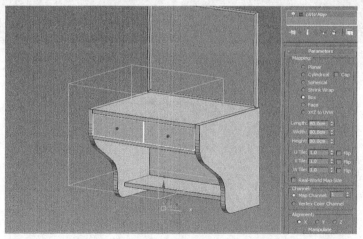

图 2-4-21

（8）镜框的部分，需要对 UV 进行调整，为与木纹方向不匹配的部分重新加载 UVW 贴图修改器，与 X 轴向对齐。那么整体模型贴图效果利用 UVW 贴图修改器就编辑完成了，如图 2-4-22 所示。

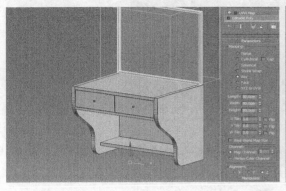
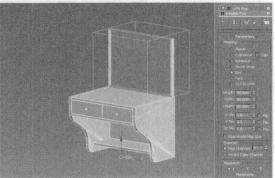

图 2-4-22

通过扫描二维码可以观察引擎中梳妆台模型的效果。

2.4.4 实例制作——茶几

具体操作步骤如下。

（1）制作茶几的模型。在顶视图中，建立 Box001，设置其尺寸为 Length（长度）90cm、Width（宽度）90cm、Height（高度）5cm；建立 Box002，设置其尺寸为 Length（长度）90cm、Width（宽度）90cm、Height（高度）35cm。如图 2-4-23 所示。

（2）制作茶几腿部支撑部分的模型，把 Box002 转化为可编辑网络，在相对应的的位置连接线段。如图 2-4-24 所示。

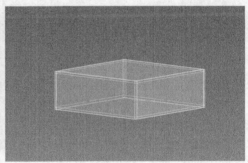

图 2-4-23   图 2-4-24

（3）删除相对应的面，把模型通过复制线段生成面的方式进行造型处理，达到茶几腿部分应有的造型。如图 2-4-25～图 2-4-27 所示。

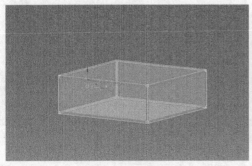
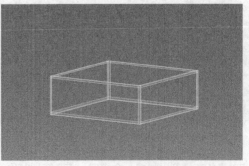

图 2-4-25   图 2-4-26

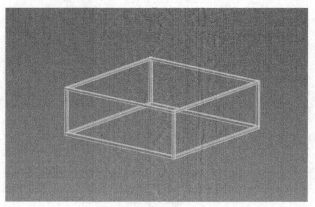

图 2-4-27

（4）将 Box001 转化为可编辑多边形网络，再把所有边进行切角处理，切角数值为 0.12cm，将连接边分为 2 段，然后进行增加平行线处理，将所有光滑组设置为 1，如图 2-4-28 和图 2-4-29 所示。

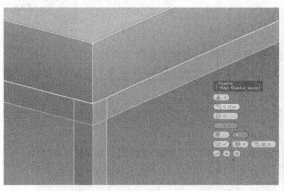

图 2-4-28   图 2-4-29

（5）继续调整茶几腿部支撑部分的模型，把所有边进行切角处理，设置切角数值为 0.12cm，将连接边分段为 1，然后进行增加平行线处理，将所有光滑组设置为 1，如图 2-4-30 所示。

（6）用一张黄色木纹的纹理贴图，赋予模型相应的体。为茶几桌面模型赋予 UVW 贴图修改器。运用贴图 Box 长方体的模型，设置其 Length（长度）、Width（宽度）、Height（高度）均为 200cm。根据不同结构调整对齐 X、Y、Z 轴向。确定木纹在模型上的大致方向。如图 2-4-31 所示。

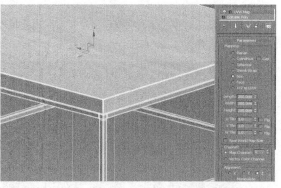

图 2-4-30   图 2-4-31

（7）将所有模型附加成一个模型。茶几模型制作完成。如图 2-4-32 所示。

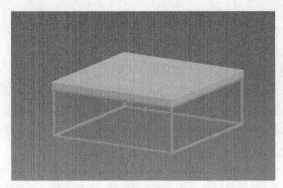

图 2-4-32

通过扫描二维码可以观察引擎中茶几模型的效果。

2.5　展开 UVW 修改器

在制作模型贴图的过程中，对于规则的模型，贴图坐标和 UV 顶点对位都是比较容易解决的。一旦遇到复杂的模型，比如人物模型、网络等不是很规则的对象模型，简单地用 UVW 指定贴图坐标就不能满足需要了。对于要制作的 VR 模型来说，在面数、贴图数量以及尺寸上，都很严格，对贴图与模型之间的对位要求较高，需要用到"展开 UVW 修改器"。如图 2-5-1。

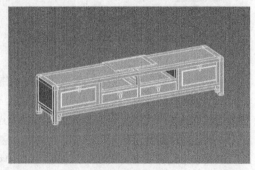

2.5.1　UVW 修改器

图 2-5-1

Unwrap UVW 修改器（展开 UVW 修改器）用于将贴图（纹理）坐标指定给对象和子对象选择，并手动或通过各种工具来编辑这些坐标。还可以使用它来展开和编辑对象上已有的 UVW 坐标。可以使用手动方法和多种程序方法组合来调整贴图，使其适合网格、面片、多边形、HSDS 和 NURBS 模型。

其参数如下。

1. Selection（"选择"卷展栏）

如图 2-5-2 所示。

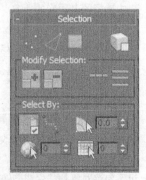

图 2-5-2

- ▓顶点/▓边/▓多边形：等效于修改器堆栈和编辑 UVW 对话框上的子对象层级。

- ▓按元素 XY 切换选择：当此选项处于启用状态且修改器的子对象层级处于活动状态时，在修改的对象上单击元素，则选择该元素中活动层级上的所有子对象。这不同于"编辑 UVW"对话框中的"按元素 UV 切换选择"，后者适用于纹理坐标簇。

- Modify Selection（"修改选择"组）。

▓ 扩大 XY：通过选择连接到选定子对象的所有子对象来扩展选择。

▓ 收缩 XY：通过取消选择与非选定子对象相邻的所有子对象，减少选择。

▓ 循环 XY 边：在与选中边相对齐的同时，尽可能远地扩展选择。循环仅用于边选择，而且仅沿着偶数边交点传播。

▤ 环形 XY 边：通过选择所有平行于选中边的边来扩展边选择。圆环只应用于边选择。

• SeLect By（"选择方式"组）。

▦ 忽略背面：启用时，将不选中视口中不可见的子对象。

▦ 点对点边选择：启用后，通过单击对象上的连续顶点，可以在边层级上选择已连接的边。当此工具处于启用状态时，将有一个橡皮筋线连接到鼠标光标单击的最后一个顶点。要从当前选择中退出，请单击鼠标右键。但该工具仍保持活动状态，以便用户在对象上的其他位置开始新的选择。要彻底退出该工具，需再次单击鼠标右键。

▨ 按平面角选：当处于活动状态时，单击一次就可以选择连续共面的多边形。此选项处于启用状态时使用数值设置来指定阈值角度值，该值确定哪些多边形是共面的。然后单击一个多边形以选择该多边形和其角度比阈值角度值低的所有连续多边形。

此选项仅用于多边形子对象层级。

▨ 按材质 ID 选择 XY：可以通过材质 ID 启用多边形选择。指定要选择的材质 ID，然后单击此选项。此选项仅用于多边形子对象层级。

▨ 按平滑组选择 XY：可以通过平滑组启用多边形选择。指定要选择的平滑组，然后单击此选项。此选项仅用于多边形子对象层级。

2. Edit UVs（"编辑 UV"卷展栏）

如图 2-5-3 所示。

• Open UV Editor（打开 UV 编辑器）：此按钮是打开编辑 UV 编辑器。

• Tweak In View（视图中扭曲）：启用时，通过在视口中的模型上拖动顶点，每次可以调整一个纹理顶点。执行此操作时，顶点不会在视口中移动，但是在编辑器中，顶点的移动会导致贴图发生变化。要在调整顶点时看到贴图的变化，对象必须是使用纹理进行了贴图并且纹理必须在视口中可见。如果 UV 编辑器处于打开状态，则其会实时更新。此选项在编辑器层级和所有子对象层级应用。

图 2-5-3

▨ 快速平面贴图：基于"快速贴图"Gizmo 的方向将平面贴图应用于当前的纹理多边形选择集。通过此工具，可以将选定的纹理多边形"剥离"为单独的簇，随后将使用此卷展栏上指定的对齐方式，根据编辑器的范围缩放该簇。

▨ 显示快速平面贴图：启用此选项时，只适用于快速平面贴图工具的矩形平面贴图 Gizmo 会显示在视口中选择的多边形的上方。不能手动调整此 Gizmo，但是可以使用控件将其重新定位。

▨ X/Y/Z 平均法线：从弹出按钮中选择快速平面贴图 Gizmo 的对齐方式，垂直于对象的局部 X、Y 或 Z 轴，或者基于多边形的平均法线对齐。

3. Channel（"通道"卷展栏）

如图 2-5-4 所示。

• Reset UVWs（重置 UVW）：在修改器堆栈上将 UVW 坐标还原为先前的状态，即通过"展开"修改器从堆栈中继承坐标。单击它，相当于移除并重新应用修改器，不同的只是在"编辑 UVW"对话框中指定的贴图不会删除。例如，忘记了勾选对象的"生成贴图坐标"复选框，然后应用了"UVW 展开"修改器，那么修改器将没有 UVW 坐标可用，并且其设置会发生错误。这时如果回到"堆栈"中，并勾选了"生成贴图坐标"，那么就需要单击 Reset UVWs（重置 UVW）按钮。单击此按钮时，会弹出对话框，发出警报，正在进行的所有编辑都将丢失。

图 2-5-4

• Save（保存）：将 UVW 坐标保存为 UVW（.uvw）文件。

- Load（加载）：加载一个以前保存的 UVW 文件。
- Channel（"通道"组）：每个对象最多可拥有 99 个 UVW 贴图坐标通道。默认贴图通道始终为通道 1。通过使用各通道的不同"UVW 展开"或"UVW 贴图"修改器，可以为任意通道指定纹理坐标。
- Map Channel（贴图通道）：设置由此修改器控制的纹理坐标的标识号。此通道值与贴图参数中设置的"贴图通道"值一致，这样修改器就可以控制设置为同一通道的贴图应用于对象曲面的方式。默认值为 1。范围为 1～99。

请注意以下有关"UVW 展开"修改器中贴图通道的重要信息：如图 2-5-5 所示。

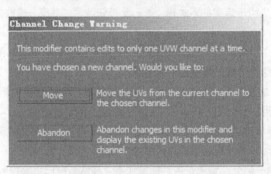

图 2-5-5

① 每个修改器只能针对一个通道进行编辑，该通道在修改器中设置。

② 修改器中的贴图，必须使用在材质图像贴图中设置的同一个通道。

③ 在修改器中更改贴图通道时，将打开"通道切换警告"对话框，可以在该对话框中选择将现有编辑复制到新通道，或者放弃这些编辑，然后使用在修改器做出更改前此通道中的贴图。

④ 要为同一对象上的不同贴图应用不同的贴图坐标，请使用新的修改器。其中，针对每个图像贴图使用唯一的贴图通道。完成后，可以塌陷堆栈，贴图将保持不变。

- Move（移动）：将 UV 从目前的通道移动到所选择的通道。
- Abandon（放弃）：放弃此修改器中的更改并显示选定通道中现有的 UV。
- Vertex Color Channel（顶点颜色通道）：通过选择此选项，可将贴图通道定义为顶点颜色通道。另外，确保将坐标卷展栏中的任何材质贴图匹配为"顶点颜色"，或者使用指定顶点颜色工具。

4. Peel（"剥"卷展栏）

如图 2-5-6 所示。

图 2-5-6

快速剥：在属于选定纹理多边形的所有顶点（锁定顶点除外）上执行"最佳猜测"剥操作。要执行此操作，"快速剥"会基于顶点的平均位置来均匀分布顶点，同时尝试保持现有多边形图形。如果"分离"处于启用状态，则"快速剥"也会将已剥群集与其他纹理坐标分离。在某些情况下，重复应用"快速剥"可以改进效果。

剥模式：应用"快速剥"，然后保持其活动状态，以便交互调整纹理坐标的布局。可以通过在"编辑 UVW"对话框来完成此操作，这样会在任何锁定顶点周围均匀地重新分布簇中的所有顶点。当"剥模式"处于活动状态时，已剥多边形会使用独特的着色，可以更轻松地查看正在剥的纹理坐标部分。默认情况下，颜色是紫色；要调整颜色，需重新设置"剥颜色"。激活"剥模式"将自动切换到"顶点"子对象层级，可在任何子对象层级使用"剥模式"。当"分离"处于启用状态时，"剥模式"也会将已剥群集与其他纹理坐标分离。当"剥模式"处于活动状态时，使用"编辑接缝"和"点对点接缝"工具创建接缝，这些接缝将在移动时自动"剥"离。或者，也可以在编辑器中选择一些边，并使用"断开"工具拆分这些边并自动重剥该簇。再次单击此按钮可退出"剥模式"。

在"自动锁定移动的顶点"处于启用状态（默认设置）时，在"剥模式"中移动子对象时将锁定属于该子对象的所有子对象。

重置剥：合并多边形选择的现有贴图接缝，将"剥"接缝转换为新的贴图接缝，然后对生成的群集执行"剥"操作。选择内容的边界将与其他群集分离开来，成为新的贴图接缝。

使用"重置剥"可以重新连接先前已贴图几何体上的贴图接缝，或者将选择内容快速断开并执行"剥"操作。

毛皮：将毛皮贴图应用于选定的多边形。单击此按钮激活"毛皮"模式，在这种模式下可以调整贴图和编辑毛皮贴图。

- Seams（"接缝"组）：可以使用接缝为剥贴图、毛皮贴图以及样条线贴图（使用手动接缝时）指定簇轮廓。毛皮接缝为蓝色，而绿色的贴图接缝指示簇边界。

编辑接缝：通过此功能，可以在视口中使用鼠标选择边，来创建毛皮/剥接缝。可在"UVW 展开"修改器的所有子对象层级中使用。

"编辑接缝"的用法与标准的边选择方式类似，但在默认情况下，接缝的指定是累计式的。也就是说，无须按住 Ctrl 键，即可将边添加到接缝集合中。启用"编辑接缝"功能时注意：

- 要将边指定为接缝的一部分，请单击边。此操作不会移除当前已接缝中的边。
- 要指定多个边作为接缝边，请拖出一个区域。
- 要从当前接缝中移除一个或多个边，请按住 Alt 键并单击边，或者拖出一个区域。

将边选择转换为接缝：将修改器中的当前边选择转化为毛皮/剥接缝（只能在"UVW 展开"修改器的"边"子对象层级中使用）。这些接缝将添加到任何现有的接缝中。

将多边形选择扩展到接缝：将当前的多边形选择扩展到接缝轮廓（只能在"UVW 展开"修改器的"多边形"子对象层级中使用）。如果存在多个接缝轮廓并且每个轮廓都包含选定的多边形，将只有一个轮廓（根据最大的多边形 ID）实现扩展；其余轮廓将被取消选定。

5. Projection（"投影"卷展栏）

如图 2-5-7 所示。

图 2-5-7

平面贴图：将平面贴图应用于选定的多边形。选择多边形，单击"平面贴图"，使用变换工具和"对齐选项"工具调整平面 Gizmo，然后再次单击"平面贴图"以退出。

柱形贴图：将柱形贴图应用于选定的多边形。选择多边形，单击"柱形贴图"，使用变换工具和"对齐选项"工具调整柱形 Gizmo，再次单击"柱形贴图"以退出。将柱形贴图应用于选择上时，3ds Max 将每一个面都贴图至圆柱体 Gizmo 的边上使其最吻合圆柱体方向。为了得到最好的效果，请对柱形的对象或柱形对象部位使用圆柱贴图。

球形贴图：选择多边形，单击"球形贴图"，使用"变换"工具和"对齐选项"工具调整球形 Gizmo，然后再次单击"球形贴图"以退出。

长方体贴图：将长方体贴图应用于当前选定的多边形。选择多边形，单击"长方体贴图"，使用"变换"工具和"对齐选项"工具调整长方体 Gizmo，然后再次单击"长方体贴图"以退出。将长方体贴图应用于选择上时，3ds Max 将每一个多边形贴图至长方体 Gizmo 上最吻合长方体方向的边。为了得到最好的效果，请对长方形对象或其部位使用"长方体"贴图。

- Align Options（"对齐选项"组）：使用这些控件按程序对齐贴图。

X/Y/Z：将贴图 Gizmo 对齐到对象局部坐标系中的 X、Y 或 Z 轴。

最佳对齐：调整贴图 Gizmo 的位置、方向，根据选择的范围和平均多边形法线缩放使其适合多边形选择。

视图对齐：重新调整贴图 Gizmo 的方向使其面对活动视口，然后根据需要调整其大小和位置以使其与多边形选择范围相适合。

重置贴图 Gizmo：缩放贴图 Gizmo 以适合多边形选择，并将其与对象的局部空间对齐。

- Fit（适配）：将贴图 Gizmo 缩放为多边形选择的范围，并使其居中位于所选择的范围上。不要更改方向。

- Center（居中）：移动贴图 Gizmo，以使它的轴与多边形选择的中心一致。

6. Wrap（"包裹"卷展栏）

如图 2-5-8 所示。

图 2-5-8

将样条线贴图：应用于当前选定的多边形。单击该按钮可激活"样条线"模式，在该模式下，可以调整贴图以及编辑样条线贴图。

从循环展开条带：使用对象拓扑可以沿线性路径快速展开几何体。要使用，请选择与要展开的边平行的边循环，然后单击此按钮。这可能会使纹理坐标产生明显的比例变化，因此通常随后应使用"紧缩"工具将它们恢复到 0～1 的标准 UV 范围内。"从循环展开条带"使用"环形"方法找到平行边，因此，为了获得最佳的效果，请在常规几何体上使用该功能。也可以使用"环形"功能来了解它是如何找到边的。

7. Configure（"配置"卷展栏）

如图 2-5-9 所示。

图 2-5-9

- Display（"显示"组）：以下设置决定是否以及如何在视口中显示接缝。

➤ Map Seams（贴图接缝）：启用此选项时，贴图簇边界在视口中显示为绿线。可以通过调整显示接缝颜色来更改该颜色。

➤ Peel Seams（接缝）：此选项处于启用状态时，剥和毛皮边界在视口中显示为蓝线。

➤ Thick（厚）：使用相对粗的线条，在视口中显示对象曲面上的贴图接缝和毛皮接缝。在放大视图时，线条变粗；而在缩小视图时，线条变细。这是默认选择。

➤ Thin（薄）：使用相对细的线条，在视口中显示对象曲面上的贴图接缝和毛皮接缝。放大或缩小视图时，线条的粗细保持不变。

- Prevent Reflattening（防止重展平）：此选项主要用于纹理烘焙。此选项处于启用状态时，渲染到纹理自动应用的"UVW 展开"修改器的版本（默认情况下命名为"自动展平 UV"）将不会展平多边形。另外，请确保"渲染到纹理"和修改器使用同一个贴图通道。

- Normalize Map（规格化贴图）：勾选此选项后，缩放贴图坐标使其符合标准坐标贴图空间，即 0～1。取消勾选此选项后，贴图坐标的尺寸与对象本身相同。贴图总是在 0～1 坐标空间中平铺一次；贴图的部位基于其"补偿"和"平铺"值。

2.5.2　UVW 编辑器

"编辑 UVW"对话框的中心是一个窗口，其中显示纹理坐标，以顶点、边和多边形显示，统称为子对象。默认情况下，这些与贴图对象的几何体相匹配；通过编辑坐标，可以更改它们相对于对象网格的位置。这样可以微调纹理贴图与模型的"匹配"。如图 2-5-10 所示。

1. 菜单栏

通过菜单栏可以访问多种"编辑 UVW"功能。如图 2-5-11 所示。

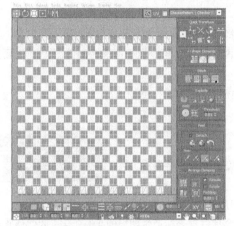

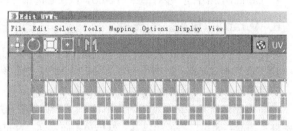

图 2-5-10   图 2-5-11

2. 工具栏和卷展栏

通过编辑器工具栏和卷展栏，可以方便地访问用于处理纹理坐标的常用工具。如图 2-5-12 所示。

3. "编辑 UVW"窗口

使用"编辑 UVW"窗口可以编辑 UVW 子对象以调整模型上的贴图。例如，纹理贴图可包含汽车的侧视图、俯视图和正视图。在"多边形"子对象层级对模型的上面、侧面和前面进行平面贴图，可调整每个选择的纹理坐标以将纹理贴图的不同部分与汽车上的对应区域相适配。如图 2-5-13 所示。

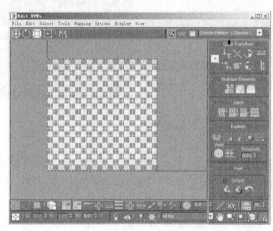

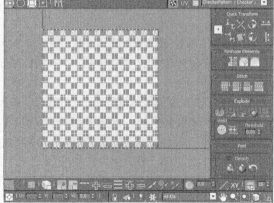

图 2-5-12   图 2-5-13

2.5.3　UVW 编辑器菜单栏

1. File（文件）菜单

通过这些命令可以加载、保存和重置 UV。如图 2-5-14 所示。

- Load UVs（加载 UV）：加载以前保存的 UVW（纹理坐标）文件。
- Save UVs（保存 UV）：将 UVW 坐标保存为 UVW 文件。

Load UVs... Alt+Shift+Ctrl+L
Save UVs...

Reset All

图 2-5-14

- Reset All（全部重置）：将 UVW 坐标还原为其原始状态。

2．Edit（编辑）菜单

通过这些命令可以使用不同的变换功能、复制和粘贴等。如图 2-5-15 所示。

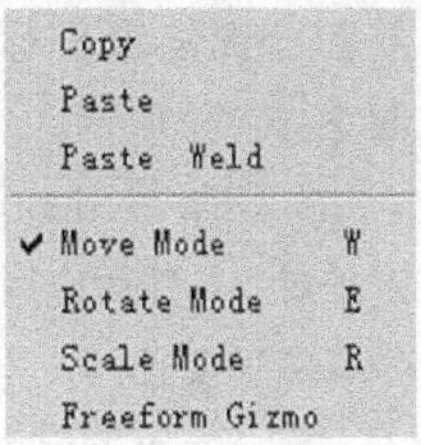

Copy	
Paste	
Paste Weld	
✓ Move Mode	W
Rotate Mode	E
Scale Mode	R
Freeform Gizmo	

图 2-5-15

- Copy（复制）：将当前选择（即纹理坐标）复制到粘贴缓冲区。
- Paste（粘贴）：将粘贴缓冲区中的纹理贴图坐标应用于当前选择。对同一目标坐标重复使用"粘贴"会导致坐标每次旋转 90°。

使用"复制"和"粘贴"可以将同一贴图坐标（即图形）应用于不同的几何体多边形。

- Paste Weld（粘贴焊接）：将粘贴缓冲区中的内容应用于当前选择，然后合并重合顶点，能有效地将源和目标选择熔合在一起。

使用此功能可以得到应用于多个几何体元素的单个纹理坐标组。调整这些纹理坐标可以更改应用于几何体的贴图。

- Move Mode（移动模式）：用于选择和移动子对象。
- Rotate Mode（旋转模式）：用于选择和旋转子对象。
- Scale Mode（缩放模式）：用于选择和缩放子对象。
- Freeform Gizmo（自由形式 Gizmo）：用于选择和变换顶点。

3．Select（选择）菜单

通过这些命令可以将视口选择复制到编辑器，并在 3 个不同的子对象模式之间传输选择。如图 2-5-16 所示。

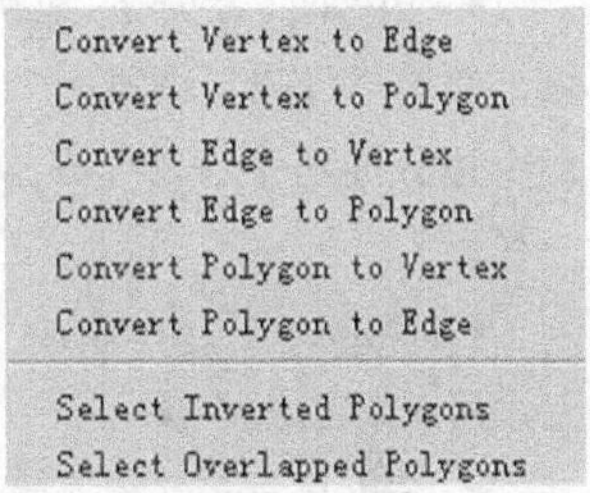

Convert Vertex to Edge
Convert Vertex to Polygon
Convert Edge to Vertex
Convert Edge to Polygon
Convert Polygon to Vertex
Convert Polygon to Edge
Select Inverted Polygons
Select Overlapped Polygons

图 2-5-16

- Convert Vertex to Edge（将顶点转化为边）：将当前顶点选择转化为边选择并进入"边"子对象模式。如果只选定一个边，它的两个顶点必须都被选定。
- Convert Vertex to Polygon（将顶点转化为多边形）：将当前顶点选择转化为多边形选择并进入"多边形"子对象模式。如果只选定一个多边形，它的所有顶点必须都被选定。
- Convert Edge to Vertex（将边转化为顶点）：将当前边选择转化为顶点选择并进入"顶点"子对象模式。
- Convert Edge to Polygon（将边转化为多边形）：将当前边选择转化为多边形选择并进入"多边形"子对象模式。如果只选定一个多边形，当前边选择必须包括它的所有顶点。例如，如果选定四边形中的两个相对边，边选择包括四个面所有的顶点，因此该命令将选择此多边形。
- Convert Polygon to Vertex（将多边形转化为顶点）：将当前多边形选择转化为顶点选择并进入"顶点"子对象模式。
- Convert Polygon to Edge（将多边形转化为边）：将当前多边形选择转化为边选择并进入"边"子对象模式。
- Select Inverted Polygons（选择反转多边形）：选择任何背离当前贴图方向的多边形。只在多边形选择模式可用。复杂模型中，在折叠自身的曲面上寻找多边形将导致潜在的使用凹凸贴图困难，此时该功能很适用。
- Select Overlapped Polygons（选择重叠多边形）：选择任意与其他多边形重叠的多边形。如果没有选定多边形，则该选项选择所有重叠的多边形。如果存在多边形选择，则该选项只选择选择之内的重叠多边形。只在多边形选择模式可用。使用复杂网格时，纹理坐标多边形通常覆盖在另一个多边形上，结果是它们使用纹理贴图的相同部分。使用该命令查找重叠的多边形，以便按照需要分隔它们。

4. Tools（工具）菜单

该菜单上的工具用来翻转和镜像纹理坐标、焊接顶点、合并和分离纹理坐标组，并为多个选定顶点做轮廓草图。如图 2-5-17 所示。

Flip Horizontal	
Flip Vertical	
Mirror Horizontal	Alt+Shift+Ctrl+N
Mirror Vertical	Alt+Shift+Ctrl+M
Weld Selected	Ctrl+W
Target Weld	Ctrl+T
Break	Ctrl+B
Detach Edge Verts	D, Ctrl+D
Stitch Selected...	
Pack UVs...	
Rescale Clusters	
Sketch Vertices...	
Relax...	
Render UVW Template...	

图 2-5-17

- Flip Horizontal/Vertical（水平/垂直翻转）：沿边界分离选定子对象，然后应用"水平镜像"或者"垂直镜像"，应用哪种镜像取决于模式。

- Mirror Horizontal/Vertical（水平/垂直镜像）：沿所指示的轴翻转选定子对象的方向并相应地翻转 UV。

- Weld Selected（焊接选定项）：合并属于由"焊接阈值"设置指定的 UV 空间半径内的选定子对象的共享顶点和边。使用此选项可以连接单独的纹理坐标群集。

- Target Weld（目标焊接）：通过拖动方式合并成对的顶点或边。该功能能在"多边形"子对象层级不可用。启用目标焊接，然后拖动一个顶点到另一个顶点，或者一个边到另一个边。拖动时，光标在有效子对象上时变为十字线。该命令处于激活状态时，可以继续焊接子对象和更改子对象层级。要退出目标焊接模式，请在编辑器窗口中右击。

- Break（断开）：应用于当前选择；在 3 个子对象模式中应用时有不同作用。在"顶点"子对象层级，使用"打破"将每一个共享顶点替换为两个顶点。对于边，"打破"要求至少选定两个连续边，并将每个边分成两个。对于多边形，"打破"将对网格剩余部分的选定分割成新元素，就像"分离边顶点"一样。

- Detach Edge Verts（分离边顶点）：尝试将当前选择分割成新元素。在分离前，从选定组中移除任何无效顶点或者边。

- Stitch Selected（缝合选定项）：对当前选定项，找到所有指定给同一几何体顶点的纹理顶点，将它们都移动到同一点，然后焊接在一起。使用此工具可以自动地连接在对象网格中，却不在编辑器中的连续多边形。要使用"缝合选定项"，首先沿想要连接（默认情况下，这将导致共享边高亮显示）的边选择子对象，然后选择命令。在"缝合工具"对话框中，调整设置，单击"确定"按钮以接受设置，或单击"取消"按钮以放弃设置。

- Pack UVs（紧缩 UV）：使用两种方法之一和指定的间隔，在纹理空间分布所有纹理坐标簇。如果有几个重叠簇并且想分离它们时，该命令很适用。选择"紧缩 UV"命令后可以打开"紧缩"对话框。

- Rescale Clusters（重缩放群集）：按相对比例原地自动缩放群集。仅适用于每个群集中至少选定一个子对象的两个或多个群集。如果未选择任何子对象，将应用于所有群集。

- Sketch Vertices（绘制顶点）：使用鼠标画出顶点选择的轮廓。在坐标簇轮廓匹配到纹理贴图的节中而不想每次移动一个顶点时，该命令很适用。选择"草图顶点"可以打开"草图工具"对话框。"草图顶点"仅在"顶点"子对象模式中可用。

- Relax（松弛）：单击该命令，打开非模式"松弛工具"对话框，该对话框允许通过移动顶点接近或者远离它们的相邻顶点，以及更改选定纹理顶点中明显的曲面张力。松弛纹理顶点可以使其距离更均匀，从而更容易进行纹理贴图。在子对象层级可用。

- Render UVW Template（"渲染 UV"对话框）：打开"渲染 UV"对话框，该对话框允许将纹理贴图数据导出为一个图像文件，之后可以将该文件导入到 2D 绘图软件中。

5. Mapping（贴图）菜单

用于将 3 种不同类型的自动和程序贴图方法中的一种应用于模型。通过每一个方法提供的设置可以调整正在使用的几何体的贴图。如图 2-5-18 所示。

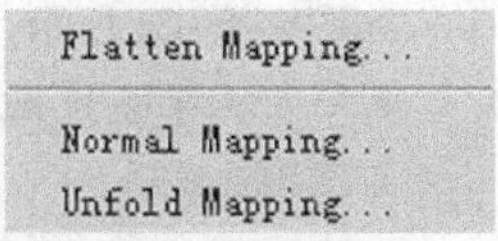

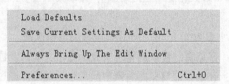

图 2-5-18

- Flatten Mapping（展平贴图）：将平面贴图应用于落入指定角度阈值中的连续多边形组，"展平贴图"可避免贴图簇的重叠，但是仍会导致纹理扭曲。

- Normal Mapping（法线贴图）：基于不同矢量投影方法，应用平面贴图，"法线贴图"是最简单的方法，但是会导致比"展平贴图"更严重的纹理扭曲。

- Unfold Mapping（展开贴图）：展开网格以便消除多边形扭曲，但是不能保证多边形不会重叠。"展开贴图"消除了纹理扭曲，但是会导致重叠坐标簇。

6. Options（选项）菜单

用于加载、储存编辑器的设置、编辑器显示窗口设置以及首选项按钮。如图 2-5-19 所示。

```
Load Defaults
Save Current Settings As Default

Always Bring Up The Edit Window

Preferences...                    Ctrl+O
```

图 2-5-19

- Load Defaults（加载默认值）：从 plugcfg 目录中的文件 unwrapuvw.ini，加载编辑器设置。

- Save Current Settings As Default（保存当前设置为默认值）：将编辑器设置保存到 plugcfg 目录中的文件 unwrapuvw.ini 中。按此方法保存的设置在会话间持续存在。

- Always Bring Up The Edit Window（始终显示编辑窗口）：启用此选项后，且"展开 UVW"修改器处于激活状态下时，选择对象将自动打开"编辑 UVW"对话框。默认情况下，该命令是禁用的，因此必须单击"参数"卷展栏中的"编辑"按钮以打开对话框。

- Preferences（首选项）：单击后打开"展开选项"对话框。

7. Display（显示）菜单

如图 2-5-20 所示。

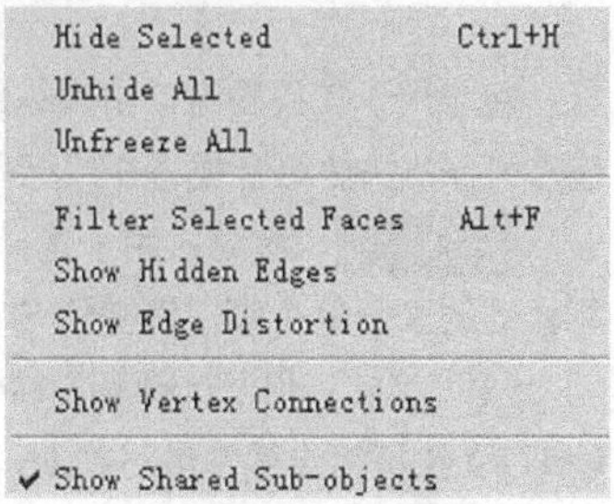

- Hide Selected（隐藏选择）：隐藏所有选定子对象以及关联多边形。

- Unhide All（全部取消隐藏）：显示任意隐藏的子对象。

- Unfreeze All（全部解冻）：将所有冻结的子对象解冻。

- Filter Selected Faces（过滤选定面）：启用此选项后，编辑器显示修改器的"多边形"子对象层级中视口选择的 UVW 顶点，并隐藏其他顶点。

```
Hide Selected           Ctrl+H
Unhide All
Unfreeze All

Filter Selected Faces   Alt+F
Show Hidden Edges
Show Edge Distortion

Show Vertex Connections

✔ Show Shared Sub-objects
```

图 2-5-20

- Show Hidden Edges（显示隐藏边）：切换隐藏多边形边的显示。

- Show Edge Distortion（显示边扭曲）：使用由绿到红的颜色范围来描述扭曲——纹理边在长度上与它们相应的几何体有很大差别。长度的差别越大（也就是说扭曲越大），"编辑 UVW"对话框窗口中出现的边越红。也可以将太长的边结尾部分绘制为白色。

- Show Vertex Connections（显示顶点连接）：在顶点子对象模式中，对所有选定顶点切换数字标签的显示。共享顶点显示为多个同样数值标签。

- Show Shared Sub-objects（显示共享子对象）：启用该选项后，对当前选择，高亮显示任何共享顶点和/或边。可以在"展开选项"对话框中更改高亮显示的颜色。

8. View（视图）菜单

如图 2-5-21 所示。

Pan	Ctrl+P
Zoom	Alt+Z
Zoom Region	Ctrl+X
Zoom Extents	Alt+Ctrl+Z
Zoom Extents Selected	Z
Zoom To Gizmo	Shift+Space
Show Grid	
✓ Show Map	
Update Map	Ctrl+U

图 2-5-21

- Pan（平移）：激活"平移"工具，可使用该工具通过拖动鼠标在窗口中水平和垂直移动。

与视口一样，如果用户使用的是三键鼠标，则还可以通过中键拖动来进行平移。

- Zoom（缩放）：选择"缩放"命令，在编辑器窗口中向下拖动可缩小，向上拖动可放大。缩放以用户拖动之前单击的点为中心居中。

如果鼠标有滚轮，也可以转动滚轮进行缩放。缩放以鼠标光标位置为中心。

- Zoom Region（缩放区域）：用于缩放特定区域。单击后拖动编辑器窗口中的方框。
- Zoom Extents（最大化显示）：自动缩小或者放大以适配编辑器窗口中的所有 UVW 顶点。
- Zoom Extents Selected（最大化显示选定对象）：自动缩小或者放大以适配编辑器窗口中所有选定的 UVW 顶点。
- Zoom To Gizmo（缩放到 Gizmo）：将活动视口缩放到当前选择。
- Show Grid（显示栅格）：在编辑器窗口的背景中显示栅格。默认设置为启用。
- Show Map（显示贴图）：在编辑器窗口的背景中显示纹理贴图。通过编辑器工具栏右端的下拉列表设置该图像。
- Update Map（更新贴图）：以纹理贴图反映出对纹理的更改。

2.5.4 UVW 编辑器工具栏

1. 上部工具栏

如图 2-5-22 所示。

图 2-5-22

包含用于在视图窗口中操纵纹理子对象的控件及用于设置选项的控件。在使用"旋转"和"缩放"变换时，按 Ctrl+Alt 快捷组合键将在鼠标单击处变换选择。第一次单击指定变换的中心。

移动：用于选择和移动子对象。弹出的按钮选项为"移动""水平移动"和"垂直移动"。要将移动约束到单个轴，请按住 Shift 键并进行拖动。

旋转：用于选择和旋转子对象。默认情况下，围绕选择中心进行旋转；要围绕光标位置旋转，请按住 Ctrl+Alt 快捷组合键并进行拖动。

缩放：用于选择和缩放子对象。弹出的按钮选项为"缩放""水平缩放"和"垂直缩放"。默认情况下，围绕选择中心进行缩放；要围绕光标位置缩放，请按住 Ctrl+Alt 快捷组合键并进行拖动。缩放时按 Shift 键可将变换约束到单个轴。

自由形式模式：可以根据拖动的位置选择、移动、旋转或缩放顶点。

选择子对象后，自由形式 Gizmo 将显示为一个包围选择的矩形边界框。当将光标移动到 Gizmo 的各种元素上以及 Gizmo 内部时，光标的外观和在该位置开始拖动的结果更改。

移动：将光标放置在 Gizmo 内部的任何位置，然后拖动可移动选择。按住 Shift 键拖动，可将移动约束到垂直轴或水平轴（取决于开始拖动的方式）。

旋转：将光标放置在 Gizmo 边的中心点上，然后拖动可绕轴旋转选择。拖动时，Gizmo 的中心显示旋转量。按 Ctrl 键并拖动会以五度增量旋转；按 Alt 键并拖动会以一度增量旋转。自由形式旋转与角度捕捉状态有关。

缩放：将光标放在 Gizmo 角上，然后拖动可缩放选择。在默认情况下，缩放是非均匀的；如果拖动前按住 Ctrl 键，则水平轴或垂直轴上的缩放是均匀的。拖动前按住 Shift 键，将缩放约束到垂直轴或水平轴（取决于开始拖动的方式）。默认情况下，在 Gizmo 中心进行缩放。如果已移动轴（请参见以下项），则拖动前按住 Alt 键即可进行中心缩放。

移动轴：将光标放在轴上，默认情况下，十字线框显示在 Gizmo 中心。出现光标后，拖动可移动轴。旋转总是绕轴进行；如果拖动前按住 Alt 键，缩放也会发生在轴上。

镜像：翻转选定子对象的位置并翻转 UV。弹出按钮选项为"垂直镜像""水平镜像""水平翻转"和"垂直翻转"。"翻转"首先沿其边界中的边分离选择，然后根据模式应用"水平镜像"或"垂直镜像"。

显示贴图：切换编辑器窗口中的贴图显示。

UV/VW/UW：默认情况下，UVW 坐标中的 UV 部分显示在视图窗口中。但是可以切换显示来编辑 UW 或 VW 部分。

选项：单击后打开"展开选项"对话框。

纹理下拉列表：包含指定给对象的材质的所有贴图。材质编辑器中和"编辑 UVW"对话框（通过"拾取纹理"）中指定的贴图名称出现在列表中。如图 2-5-23 所示。

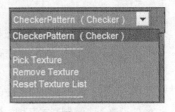

图 2-5-23

- CheckerPattern（棋盘格）：对于检测纹理贴图的扭曲区域非常适用。该纹理位于"编辑 UVW"对话框中。默认情况下，将"展开 UVW"应用于对象之后，在第一次打开编辑器时，该纹理显示为背景纹理。

- Pick Texture（拾取纹理）：单击后打开"材质/贴图浏览器"，使用它添加和显示当前不在对象材质中的纹理。要修改纹理，请使用"材质编辑器"。

- Remove Texture（移除纹理）：从编辑器中删除当前显示的纹理。

- Reset Texture List（重置纹理列表）：将纹理列表返回到应用材质的当前状态，移除所有已添加的纹理，并且还原移除的属于原始材质的纹理（如果它们仍然存在于材质中）。该命令还在材质中添加了新的贴图，因此有必要将 UVW 编辑器更新到材质的当前状态。

2. 底部工具栏

两个底部工具栏包括选择和变换子对象、设置显示特性功能。如图 2-5-24 所示。

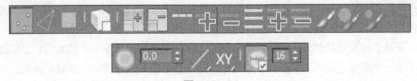

图 2-5-24

按元素 UV 切换选择：启用后，在编辑器窗口中选择子对象将选择子对象所属的整个群集。这与应用到几何体元素的"UVW 展开"修改器"选择"卷展栏上的"按元素 XY 切换选择"不同。

扩大 UV 选择：通过选择与选定子对象相邻的子对象扩展纹理坐标选择。在所有可用方向向外扩展顶点和面。边沿可用 UV 路径扩展。

收缩 UV 选择：通过取消选择与非选定子对象相邻的所有子对象减少纹理坐标选择。

循环 UV：选择纹理顶点、边或多边形的循环。顶点/多边形在一个或多个行或列中选择两个或多个相邻顶点或多边形，然后单击"循环"。这将选择与所选内容成一条直线的所有子对象。选择一个或者多个边，然后单击"循环"。这将选择与选定边成一条直线的所有边。

扩大循环 UV：延伸一个循环或多个循环两端。

收缩循环 UV：取消选择一个或多个循环两端的子对象。

环 UV：选择纹理顶点、边或多边形的环。在一个或多个行或列中选择两个或多个相邻顶点或多边形，然后单击"环 UV"。这将选择与选择相平行的边上的所有子对象。选择一个或者多个边，然后单击"环 UV"。这将选择与选定边相平行的所有边。

UV 绘制选择：可通过在编辑器窗口中拖动来"绘制"子对象选择。激活该模式后，将光标移入编辑器窗口中，然后拖动可选择子对象。要退出"绘制选择"模式，请右击或选择"变换"工具。"绘制"模式只选择完全在选择刷内部的子对象。连接到鼠标的虚线圆显示刷子的大小。要更改笔刷大小，请使用"扩大"或"收缩"工具。

扩大笔刷大小：增大"UV 绘制选择"的"笔刷"（附加到鼠标上的圆形）的大小。

收缩笔刷大小：减小"UV 绘制选择"的"笔刷"（附加到鼠标上的圆形）的大小。

软选择：切换"软选择"功能。启用后，通过从中间明显选定顶点衰减的颜色渐变，软选择顶点将显示。

衰减：使用此数值设置来指定衰减距离。值增大时，未选定顶点的颜色从选定顶点逐渐变化，反映影响区域。

软选择衰减类型：包括线性、平滑、缓慢、迅速。

XY/UV：从下拉列表中选择，为衰减距离指定对象或纹理空间。XY 选择对象空间，UV 选择纹理空间。

按边限制软选择：启用该选项（默认设置）后，将按照选择与受影响顶点之间的指定边数（通过数值设置）来限制衰减区域。影响范围使用一系列"边距"空间量度而不是用绝对距离。

3. 变换/显示工具栏

在"编辑 UVW"窗口中进行缩放和平移取决于处于活动状态的交互模式的工具栏。如图 2-5-25 所示。

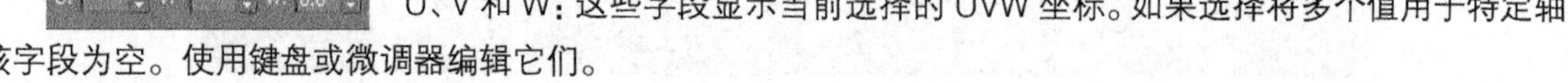

图 2-5-25

绝对/相对类型插入：在"绝对"模式（默认）下，3ds Max 会将用户在 U、V 和 W 字段（请参见下文）中输入的值视为纹理空间中的实际坐标。在"相对"模式下，3ds Max 应用输入的变换值作为当前值的偏移。

U、V 和 W：这些字段显示当前选择的 UVW 坐标。如果选择将多个值用于特定轴，该字段为空。使用键盘或微调器编辑它们。

这些字段在所有子对象层级都处于活动状态，但总是应用于顶点。选定单个顶点后，它们显示当前坐标。选定多个顶点（或一个或多个边或面）后，它们显示选择包含的顶点的任何公共坐标；否则，它们为空。

锁定选定子对象：启用时，禁止在选择中添加或移除子对象。在该模式下，可以变换选定子对象而不接触它们。

仅显示选定面：启用时，仅选定的多边形显示在编辑器窗口中；其余将隐藏。此选项在所有子对象层级上都受到支持，但仅适用于选定的多边形。更改视口多边形选择会自动更新在编辑器中的显示。

隐藏/取消隐藏选定的子对象：隐藏选定的子对象或显示所有隐藏的子对象。从弹出的按钮中，选择"隐藏"或"取消隐藏"。

可以重复应用"隐藏"以减少逐渐显示的子对象数目。

冻结/解冻选定子对象：冻结选定子对象或解冻所有冻结的子对象。从弹出的按钮中，选择"冻结"或"解冻"。冻结时，无法直接选择或变换子对象，尽管通过软选择易于间接变换它们。

所有 ID（下拉列表）：过滤对象的材质 ID。显示与下拉列表中选择的 ID 相匹配的纹理面。该列表仅显示可用于修改对象的 ID。

平移视图：单击后在编辑器窗口中拖动可更改可视部分。

缩放视图：单击后单击并拖动可缩放窗口。

缩放到区域：单击后通过区域选择方式（通过拖动）选择要放大的窗口部分。

最大化显示：放大或缩小以拟合窗口中的纹理坐标。从上到下弹出的按钮允许将所有纹理坐标缩放到当前选择，并且可以缩放到所有包含任何选定子对象的簇/元素。

栅格捕捉：启用此选项后，移动子对象有助于将最接近鼠标光标的顶点（由方形轮廓高亮显示）捕捉到最近的栅格线或相交。

像素捕捉：当背景中有位图时会捕捉到最近的像素角。该选项也位于"栅格捕捉"的弹出按钮中。可以将其与中心像素捕捉组合，以捕捉到像素中心而不是角。选定多个顶点时，所有顶点都会捕捉到相对最近的像素；这可以稍微改变它们之间的空间关系。

2.5.5　UVW 编辑器卷展栏

1. Quick Transform（"快速变换"卷展栏）

图 2-5-26

如图 2-5-26 所示。

设置轴心：将用于手动或按程序变换的轴心（中心点）放置在选择的边界矩形的中心或任意角点。从弹出的按钮中选择任意选项；之后，在打开编辑器期间将选项保留为默认值。但是，更改选择会始终将轴心放置到最初位置，即选择的中心。

> **注意**
> 当自由形式模式处于活动状态时，可以拖动轴心以手动定位轴心的位置。在编辑器窗口中，轴心以使用 Gizmo 颜色设置的大十字线显示。

水平对齐到轴：水平排列选定子对象，并将它们垂直移动到轴位置。如果将选定的多边形对齐到轴，则由于对多边形顶点应用此命令，使多边形"塌陷"。为获得最佳效果，将分别对齐多边形的上、下边循环。如图 2-5-27 所示。

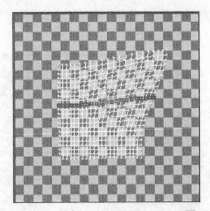 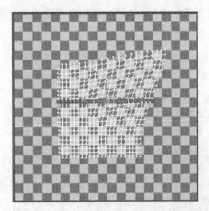

图 2-5-27

原地水平对齐：水平排列每组已连接的选定纹理顶点和边（非多边形），并将其移动到平均垂直位置。如图 2-5-28 所示。

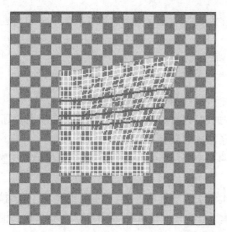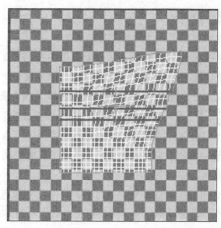

图 2-5-28

垂直对齐到轴：垂直排列选定子对象，并将它们水平移动到轴位置。如果将选定的多边形对齐到轴，则由于对多边形顶点应用此命令，使多边形"塌陷"。为获得最佳效果，将分别对齐多边形的左边和右边循环。如图 2-5-29 所示。

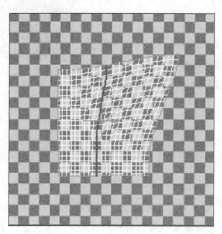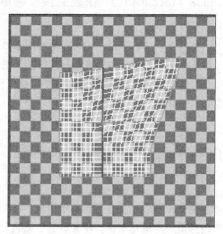

图 2-5-29

原地垂直对齐：垂直排列每组已连接的选定纹理顶点和边（非多边形），并将其移动到平均水平位置。如图 2-5-30 所示。

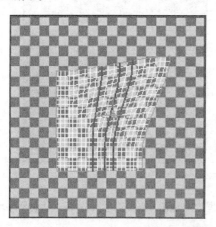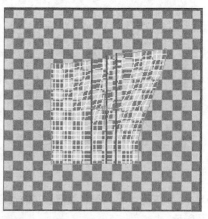

图 2-5-30

线性对齐：在端点顶点之间排列选定顶点和边（非多边形），而端点顶点保持原位。如图 2-5-31 所示。

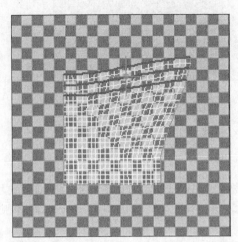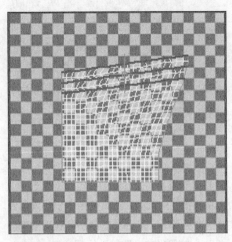

图 2-5-31

对齐到边：将选定的边旋转至绝对水平或垂直（选择最接近的），然后选择群集中的其他所有边并旋转相同的量。如图 2-5-32 所示。

环绕轴心旋转-90°：将选定边环绕轴心逆时针旋转 90°。

环绕轴心旋转 90°：将选定边环绕轴心顺时针旋转 90°。

水平间隔：将属于多个已连接的选定水平边（如边循环）的顶点以均匀地间隔排列。

例如，要创建统一宽度的纹理多边形的水平循环，首先在多边形上方和下方选择水平边循环，然后单击"水平间隔"。

垂直间隔：将属于多个已连接的选定垂直边（如边循环）的顶点以均匀地间隔排列。例如，要创建统一高度的纹理多边形的垂直循环，请先选择多边形左侧和右侧的垂直边循环，然后单击"垂直间隔"。

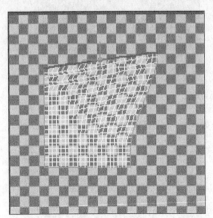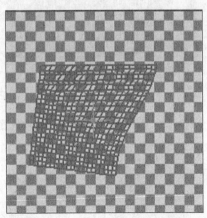

图 2-5-32

2. Reshape Elements（"重新塑造元素"卷展栏）

如图 2-5-33 所示。

拉直选定项：将每个选定多边形的边旋转至绝对垂直或水平（选择较接近的）。这将生成矩形栅格。此操作仅应用于选定的纹理多边形。如图 2-5-34 所示。

图 2-5-33

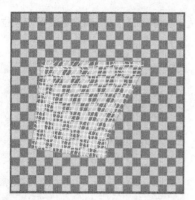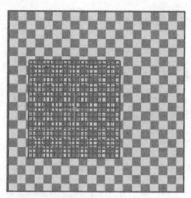

图 2-5-34

放松直到展平：通过移动顶点靠近或远离其相邻顶点，以更改选定纹理顶点内明显的曲面张力，直到所有多边形具有相同的大小。适用于所有子对象层级。如果未选择子对象，则应用到所有子对象。松弛纹理顶点可以使其距离更均匀，从而更容易进行纹理贴图。

松弛：使用当前设置松弛纹理顶点。

松弛设置：单击后，打开"松弛工具"对话框。

3. Stirch（"缝合"）卷展栏

如图 2-5-35 所示。

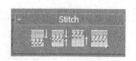

图 2-5-35

缝合到目标：将选定子对象移动到共享子对象。如图 2-5-36 所示。

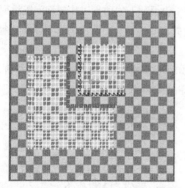

图 2-5-36

缝合到平均：将两组子对象移动到平均位置。如图 2-5-37 所示。

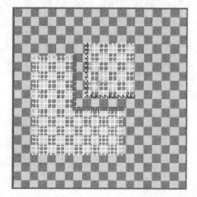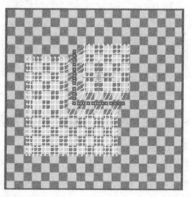

图 2-5-37

缝合到源：根据当前"缝合工具"对话框设置连接子对象。如图 2-5-38 所示。

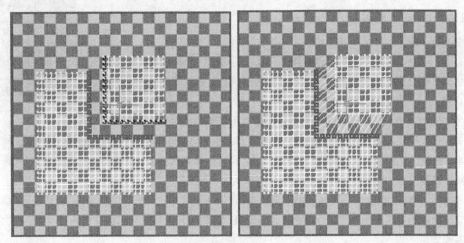

图 2-5-38

缝合自定义：可以从"缝合：自定义"的弹出按钮获得。单击后，打开"缝合工具"对话框。

4. Explode（"炸开"卷展栏）

如图 2-5-39 所示。

断开：应用于当前选择；在 3 个子对象模式中有不同作用。在"顶点"子对象层级，使用"打破"将每一个共享顶点替换为两个顶点。对于边，"打破"要求至少选定两个连续边，并将每个边分成两个。对于多边形，"断开"将网格剩余部分的选定项拆分为新的元素。

图 2-5-39

按多边形角度展平：断开纹理多边形按多边形角度展平。

通过平滑组展平：使用纹理多边形的平滑组 ID 断开纹理多边形。当通过平滑组展平时，为了形成单独的群集，一组多边形必须以硬边完全封闭。即，多边形与相邻的多边形不共享任何平滑组 ID。如果某些多边形具有多个平滑组 ID，则可能无法将纹理坐标拆分为单独的群集。

按材质 ID 展平：将纹理多边形分解成仅使用材质 ID 的群集。这样可确保展平之后任何群集都不包含多个材质 ID。

展平自定义：使用当前"展平贴图"对话框设置断开纹理多边形。

展平设置：打开"展平贴图"对话框以指定"展平自定义"参数。

• Weld（焊接组）：除目标焊接以外，以下"焊接"命令将在平均位置上的不同群集上的边进行合并。如图 2-5-40 所示。

目标焊接：将一对顶点或边合并为单个子对象。仅用于"顶点"和"边"子对象层级。

图 2-5-40

启用目标焊接，然后拖动一个顶点到另一个顶点，或者一条边到另一条边。拖动时，光标在有效子对象上时变为十字线。该命令处于激活状态时，可以继续焊接子对象和更改子对象层级。要退出目标焊接模式，请在编辑器窗口中右击。

"焊接选定项"弹出按钮：提供了 3 种焊接选定 UVW 子对象的方法。

焊接选定的子对象：将共享顶点和当前阈值距离内的选定子对象的边合并。

焊接所有选定的接缝：将共享顶点和边的所有选定的子对象的边合并。

将任何匹配与选定项焊接：将选定接缝与另一个群集上的对应接缝合并，而无须先选择对应的接缝。

Threshodl（阈值）：设置焊接阈值，使用"焊接选定项"和"焊接选定的子对象"的焊接生效的半径。该值使用 UV 空间距离。默认设置为 0.01。范围为 0~10。

5. Peel（"剥"卷展栏）

如图 2-5-41 所示。

图 2-5-41

Detach（分离）：启用时，使用"快速剥"或"剥模式"会自动将选定多边形与其余的纹理坐标分离开来。禁用时，已剥的多边形仍将附着到其他纹理坐标。默认设置为启用。

快速剥：在属于选定纹理多边形的所有顶点（锁定顶点除外）上执行"最佳猜测"剥操作。要执行此操作，"快速剥"会基于顶点的平均位置来均匀分布顶点，同时尝试保持现有多边形图形。当"分离"处于启用状态时，"快速剥"也会将已剥群集从其他纹理坐标中分离开来。"快速剥"适用于简单的纹理贴图应用，但要更好地进行控制，应改用"剥模式"。

剥模式：单击"剥模式"，使其保持活动状态，以便交互调整纹理坐标的布局。可以通过在"编辑 UVW"对话框窗口中拖动子对象来完成此操作，这样会锁定顶点周围均匀地重新分布簇中的所有顶点。再次单击此按钮退出"剥模式"。

当"剥模式"处于活动状态时，已剥多边形会使用独特的着色，帮助用户轻松地查看正在剥的纹理坐标部分。默认情况下，颜色是紫色，可更改颜色。

激活"剥模式"将自动切换到"顶点"子对象层级，但可以在任何子对象层级使用"剥模式"。当"分离"处于启用状态时，"剥模式"也会将已剥群集从其他纹理坐标分离开来。

当"剥模式"处于活动状态时，可以使用"编辑接缝"和"点对点接缝"工具创建接缝，这些接缝将在用户移动时自动"剥"离。也可以在编辑器中选择一些边，使用"断开"工具拆分这些边并自动重剥该簇。

在"自动锁定移动的顶点"处于启用状态（默认设置）时，在"剥模式"中移动子对象时将锁定属于该子对象的所有有子对象。

重置剥：合并多边形选择的现有贴图接缝，将"剥"接缝转换为新的贴图接缝，然后对生成的群集执行"剥"操作。选择的内容边界将与其他群集分离开来，成为新的贴图接缝。

使用"重置剥"可以重新连接先前已贴图几何体上的贴图接缝，或者将选择内容快速断开并执行"剥"操作。

- Pins（"锁定"组）：如果锁定某个顶点，当用户在"剥模式"中移动其他顶点时，该顶点将始终保持在原位。默认情况下，启用"自动锁定移动的顶点"，以便在"剥模式"处于活动状态时移动子对象后随即锁定其顶点。锁定的顶点以蓝色小方形轮廓直观地表示。如图 2-5-42 所示。

图 2-5-42

锁定选定对象：锁定所有选定顶点（仅在"顶点"级别上适用）。

取消固定选定对象：解除锁定选定的锁定顶点的位置，使其可以在"剥模式"过程中移动。仅在"顶点"级别上适用。至少有两个顶点必须始终固定在"剥模式"。如果群集仅包含两个锁定的顶点，必须先锁定其他顶点，然后才可以将它们解锁。

自动锁定移动的顶点：如果启用此选项，则随后在"剥模式"处于活动状态的情况下移动子对象或簇时，其顶点锁定不动。如果此选项处于禁用状态，则在"剥模式"中只能移动锁定的顶点。

选择锁定顶点：启用时，只能选择锁定的顶点。在此模式下无法执行其他操作。此模式的一个用法是，在此模式下选择顶点后应用"取消固定选定对象"。仅在"顶点"级别上适用。

6. Arrange Elements（"排列元素"卷展栏）

如图 2-5-43 所示。

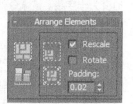

图 2-5-43

紧缩自定义：当重缩放群集处于启用状态时，"自定义"功能将应用"重缩放优先级"值。

　紧缩设置：单击后打开"紧缩"对话框以指定"紧缩：自定义"参数。

　重缩放元素：按相对比例原地自动缩放所有簇。无论"重缩放"开关是否启用，"重缩放元素"均应用"重缩放优先级"值。如果存在组，则此选项始终应用于组成员以及任何选择内容（如果未选定任何对象，则应用于所有簇）。如果不存在任何组，则选定一个或多个子对象时"重缩放元素"仅应用于选定簇，而未选定任何对象时应用于所有簇。

　紧缩在一起：将簇尽可能紧密地移动到 0–1 UV 空间（蓝色方形）中而不进行规格化，同时应用"重缩放""旋转"和"填充"设置。如果存在组并且"重缩放"开关处于启用状态，则"紧缩在一起"将应用"重缩放优先级"值。

　紧缩规格化：它与"紧缩在一起"相同，但会规格化地自动缩放所有簇，使其与 0–1 UV 空间（蓝色方形）拟合（这一过程称为"规格化"），同时应用"重缩放""旋转"和"填充"设置。如果存在组并且"重缩放"开关处于启用状态，则"紧缩规格化"将应用"重缩放优先级"值。

- Rescale（重缩放）：此选项处于启用状态，使用"紧缩在一起"或"紧缩规格化"时，将缩放各个群集，使得纹理元素大小统一。

Rotate（旋转）：此选项处于启用状态，使用"紧缩在一起"或"紧缩规格化"时，将旋转各个群集，以便最有效地使用空间。在某些情况下，即使"旋转"或"旋转簇"（用于"紧缩：自定义"）处于禁用状态，"紧缩"仍可以以 90° 旋转簇。

Padding：紧缩之后相邻元素的间距。为获得最佳效果，请使用相对较低的值。

7. Element Properties（"元素属性"卷展栏）

如图 2–5–44 所示。

- Rescale Priority（重缩放优先级）：将启用簇的相对缩放。范围为 0.0～1.0。默认值为 1.0。

　选定组：将群集添加到新的组。在一个或多个不同的簇中至少选择一个多边形，然后单击"组合选定项"。可以创建任意数量的组。创建组后，实际上可以通过选择组中的任何多边形来选择组。执行此操作可以启用两个功能：组编号显示在卷展栏的底部，"重缩放优先级"设置显示当前值。如果更改该值，该值将应用到组中的所有成员。

图 2–5–44

选定组：删除现有的组。在组合簇中至少选择一个多边形，然后单击"解组选定对象"，以将所有簇从组中移除并删除该组。

　选定组：选择属于某个组的所有群集。在组中选择至少一个多边形，然后单击"选定组"以选择群集。如果针对多个组使用"选定组"（即从不同的组中选择多个多边形），则仅选择一个组。不可预测将选择哪个组。

2.5.6　UVW 编辑器对话框

1. Flatten Mapping（展平贴图）对话框

将平面贴图应用于落入指定角度阈值中的连续纹理多边形组。可避免贴图簇的重叠，但是仍会导致纹理扭曲。使用"展平贴图"对话框可以控制簇进行贴图和定义的方式。如图 2–5–45 所示。

- Polygon Angle（多边形角度阈值）：在群集中，面之间可以存在的最大角度。根据"展平贴图"聚集要进行贴图的面时，使用此参数来确定将哪些纹理多边形组合到群集中。该数越大，产生的群集也越大，纹理多边形比例源于几何体对等，因此将引入更大的扭曲。

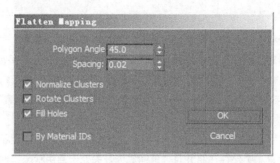

图 2-5-45

- Spacing（间距）：群集之间的间距。该值设置得越高，簇之间的缝隙看起来越大。
- Normalize Clusters（规格化群集）：勾选此选项后，最终布局将缩小为 1.0 个平方单位。不勾选此选项时，群集的最终大小将在对象空间中，并且可能比在编辑器贴图区域中大得多。为了获得最佳结果，请勾选此选项。
- Rotate Clusters（旋转群集）：勾选此选项后，"UVW 展开"旋转群集，以使其边界框最小。例如，旋转 45° 的矩形边界框比旋转 90° 的矩形边界框占据更多的区域。
- Fill Holes（填充孔洞）：勾选此选项后，较小的群集将放置在较大群集之间的空间中，以最佳方式使用可用的贴图空间。
- By Material IDs（按材质 ID）：勾选此选项之后，确保平缓之后簇不包含多个材质 ID。

2. Normal Mapping（法线贴图）对话框

将平面贴图应用到纹理多边形。这种方法最为简单，但可能会导致比"展平贴图"对话框更严重的纹理扭曲。"法线贴图"对话框可以控制簇的贴图和定义方式。如图 2-5-46 所示。

贴图方法下拉菜单如图 2-5-47 所示。

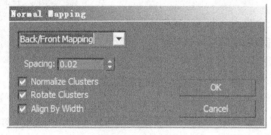

图 2-5-46

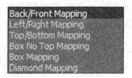

图 2-5-47

- Back/Front Mapping（后部/前部贴图）
- Left/Right Mapping（左侧/右侧贴图）
- Top/Bottom Mapping（顶/底贴图）
- Box No Top Mapping（长方体无顶面贴图）
- Box Mapping（长方体贴图）
- Diamond Mapping（菱形贴图）
- Spacing（间距）：群集之间的间距。该值设置得越高，簇之间的缝隙看起来越大。
- Normalize Clusters（规格化群集）：勾选此选项后，最终布局将缩小为 1.0 个平方单位。不勾选此选项时，群集的最终大小将在对象空间中，并且可能比在编辑器贴图区域中大得多。为了获得最佳结果，请勾选此选项。
- Rotate Clusters（旋转群集）：如果勾选此选项，将旋转群集，以使其边界框的尺寸最小。例如，旋转

45°的矩形边界框比旋转 90°的矩形边界框占据更多的区域。

- Align By Width（按宽度对齐）：如果勾选此选项，则群集的宽度控制群集的布局。如果不勾选此选项，则群集的高度控制群集的布局。

3. Pack UVs（紧缩 UV）对话框

用于在"编辑 UVW"对话框中以程序方式重新排列纹理群集的控制。

如图 2-5-48 所示。

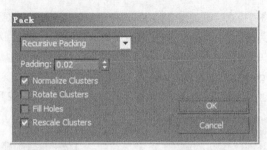

图 2-5-48

设置紧缩方法的下拉菜单如图 2-5-49 所示。

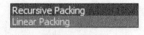

图 2-5-49

- Recursive Packing（递归紧缩）：此项为默认选项，有效紧缩群集，但比线性方法慢。
- Linear Packing（线性紧缩）：使用线性方法布局群集。该方法很快但不是很有效，而且往往会保留未使用的 UV 空间。
- Padding（填充）：群集之间的间距。为获得最佳效果，建议使用较小的值。大多数情况下，使用默认值会生成不错的效果。
- Normalize Clusters（规格化群集）：如果勾选此选项，将缩放最终布局使其在标准纹理坐标空间（0.0～1.0）内适合，该标准纹理坐标空间在编辑器中以深蓝色的粗轮廓表示。如果不勾选此选项，群集的最终大小将使用对象空间，因此会比编辑器贴图区域大。为获得最佳效果，请勾选此选项。
- Rotate Clusters（旋转群集）：用于控制紧缩是否旋转群集，以使其边界框的尺寸最小。例如，旋转 45°的矩形边界框比旋转 90°的矩形边界框占据更多的区域。
- Fill Holes（填充孔洞）：如果勾选此选项，则会将较小群集放置在较大群集之间的间距中，以充分利用可用的贴图空间。
- Rescale Clusters（重缩放群集）：勾选此选项后，紧缩缩放各个群集，以便统一纹理元素大小。如果存在含有非默认的"重缩放优先级"值的组，则可以使用指定的缩放因子。

4. Render UVs（渲染 UV）对话框

"展开 UVW"编辑器的组成部分，使用它可以将模型的纹理贴图数据作为模板导出，作为位图的图像文件。之后，用户可以将此模板导入到 2D 绘制程序中，根据需要应用颜色，然后将其作为纹理贴图传送回 3ds Max 以应用到模型。导出的文件外观像编辑器窗口的屏幕快照，只是没有背景纹理，并且添加了设置颜色的选项及用于所覆盖边和区域的 Alpha 选项。

上部菜单：如图 2-5-50 所示。

图 2-5-50

- Width（宽度）/Height（高度）：输出（渲染）模板图像的水平和垂直维度（以像素为单位）。
- Guess Aspect Ratio（猜测纵横比）：调整"高度"值以基于"宽度"值和 UV 栅格的维度生成输出纵横比。例如，如果矩形 UV 栅格度量 20×100 个单位，并单击"猜测纵横比",则将尝试保持位图为 1∶5 的纵横比。从而更易于在位图上进行绘制，因为位图对网格采用正确的纵横比。

● Force 2-Sided（强制双面）：勾选后，所有 UV 边将渲染为模板。取消勾选后，将只包含面向查看者的面的 UV 边；不会渲染背面的边。

● Fill（填充组）：填充就是对边之间的面区域中的渲染位图应用着色。默认情况下，没有进行填充；位图颜色是黑色，Alpha 通道是完全透明的。用户可以将此更改为实心颜色或源自于网格和场景灯光或法线方向的着色。如图 2-5-51 所示。

➤ ■ 色样：显示在将"模式"设置为"实心"时用于面的填充颜色。要更改颜色，请单击色样。

➤ Alpha：当"模式"为"实心""法线"或"着色"时，设置用于填充的 Alpha 通道值。当"模式"为"无"时，填充 Alpha 始终为 0.0（透明）。范围从 0.0（透明）到 1.0（不透明）。默认设置为 1.0。只有在以支持透明的格式（如 TIF 或 Targa）保存时，Alpha 通道才包含在渲染的图像中。

➤ Mode（模式）：指定用于在渲染的模板中填充面的方法。如图 2-5-52 所示。

图 2-5-51　　　　　　　　图 2-5-52

➤ None（无）：没有渲染任何填充内容。该设置忽略 Alpha 值，并将填充 Alpha 设置为 0.0，即完全透明。

Solid（实体）：使用"填充"组顶部的色样指定的填充颜色渲染面。

Normal（法线）：将每个顶点的法线渲染为位图。效果类似于法线贴图。

Shaded（明暗处理）：使用简单照明设置来渲染整个 UV 表面的着色。

● Edges（"边"组）：如图 2-5-53 所示。

➤ □ 色样：显示用于渲染边的颜色。要更改颜色，请单击色样。

➤ Alpha：设置边的 Alpha 通道值。范围从 0.0（透明）到 1.0（不透明）。默认设置为 1.0。只有在以支持透明的格式（如 TIF 或 Targa）保存时，Alpha 通道才包含在渲染的图像中。

➤ Visible Edges（可见边）：勾选后，将使用指定的边颜色渲染边。默认为勾选。

图 2-5-53

➤ Invisible（不可见边）：勾选后，将使用指定的边颜色渲染隐藏的边。默认设置为禁用状态。隐藏的边通常将网格多边形划分为三角形。它们不会出现在多边形对象中。

➤ Seam Edges（接合口边）：勾选后，将使用指定的接合口颜色渲染接合口（外部）边。默认设置为启用。要更改接合口颜色，请单击色样。默认颜色（绿色）与"编辑 UVW"对话框中用于接合口边的颜色相同，可以分别对二者进行更改。

5. Render UV Template（渲染 UV 模板）

如图 2-5-54 所示。

● 🖫 保存渲染的帧。

6. Stitch Tool（缝合工具）对话框

通过单击 Stitch Selected 弹出对话框，手动或使用"贴图"菜单上的一个自动工具将对象的 UVW 坐标分为多个群集后，可以使用"缝合"工具通过合并相应的边来重组特定群集。如图 2-5-55 所示。

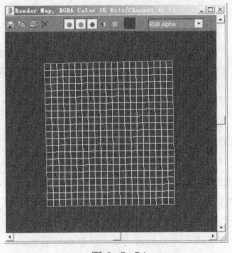

图 2-5-54

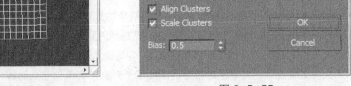

图 2-5-55

- Align Clusters（对齐群集）：将目标群集移到目标群集，如果需要的话将目标群集旋转到适当的位置。禁用该选项后，目标群集会保留在它的原始位置和方向上。默认为勾选。

- Scale Clusters（缩放群集）：调整目标群集的大小，以与源群集的大小相当。只有在"对齐群集"处于勾选状态时才会生效。默认为勾选。

Bias（偏移）：取消勾选"缩放群集"后，"补偿"可以设置附加的子对象从它们的原始位置进行移动的范围。当偏移为 0 时，子对象保留在它们源群集中的原始位置上。当偏移为 1 时，子对象保留在它们目标群集中的原始位置上。当为中间值时，它们的位置为源群集和目标群集的平均位置。当"缩放群集"处于勾选状态时，"偏移"设置 3ds Max 获取目标群集缩放的来源地。当"补偿"为 0 时，缩放完全源自源群集上缝合的边。当"补偿"为 1 时，缩放完全源自目标群集上缝合的边。当为中间值时，缩放在源群集和目标群集之间进行了平均。

7. Unfold Mapping（展开贴图）对话框

程序贴图的展开贴图方法消除了纹理扭曲，但是会导致重叠坐标群集。使用"展开贴图"对话框可以控制面展开的方式。如图 2-5-56 所示。

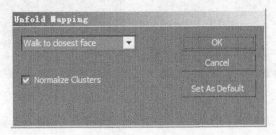

图 2-5-56

- 设置展开方法的下拉菜单：通过指定对于距离是使用最近的还是最远的面角度开始展开，设置展开的方法。如图 2-5-57 所示。

图 2-5-57

➢ Walk to farthest face（移动到最远的面）

> Walk to closest face（移动到最近的面）

其中，"移动到最近的面"展开的效果更好。

- Normalize Clusters（规格化群集）：勾选此选项，最终布局缩小为 1.0 平方单位，以在标准编辑器贴图区域内大小适合。取消勾选此选项，则群集的最终大小将使用对象空间，并且往往远大于编辑器贴图区域。勾选状态下获得的效果更佳。

8. Unwrap Options（展开选项）对话框

使用展开选项对话框上的控件设置 UVW 展开修改编辑器的首选项。

- Colors（"颜色"组）：如图 2-5-58 所示。

> Line Color（线条颜色）：指定 UVW 晶格线条的颜色。默认设置为白色。

> Handle Color（控制柄颜色）：指定面片控制柄的颜色。默认设置为黄色。

> Show Shared Subs（显示共享子对象）：勾选此选项后，与当前选择共享的未选中子对象以此种颜色高亮显示。大多数情况下，共享子对象为边。共享子对象带有单独顶点时即为顶点。默认为蓝色。

> Selection Color（选择颜色）：指定选中的 UVW 子对象的颜色。默认为红色。

> Gizmo Color（Gizmo 颜色）：指定自由形式 Gizmo 的颜色。默认为桔黄色。

> Display Seams（显示接缝）：勾选此项后，允许对视口中显示的坐标簇的边界指定一个容易区分的颜色。默认为绿色。

> Peel Color（剥颜色）："剥模式"处于活动状态时指定给剥群集的颜色。默认是紫色。

> Background Color（背景色）：指定纹理贴图不显示的背景颜色。默认为暗灰色。

> Show Grid（显示栅格）：勾选此选项后，栅格线条为可见。默认为深蓝色。

- Display Preferences（显示首选项组）：如图 2-5-59 所示。

图 2-5-58

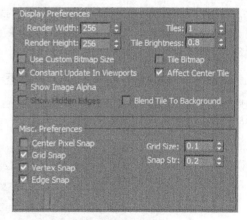

图 2-5-59

> Render Width（渲染宽度）：指定在视窗中显示的图像宽度分辨率。此项不改变图像大小，仅改变分辨率。

> Render Height（渲染高度）：指定高度分辨率。

> Use Custom Bitmap Size（使用自定义位图大小）：启用该选项后，将位图纹理缩放到"宽度"和"高度"指定的值。可以调整这些设置相对于纹理坐标来对位图纹理进行缩放和再均衡。此缩放不影响材质中的位图，仅影响编辑器中的显示。在处理大纹理时，为快速反馈而减小位图尺寸。在处理非均匀纹理时，在编辑器中将尺寸设置为彼此相邻可以使之易于操作。

> Tiles（平铺）：纹理图像所重复的次数，在 8 个方向上向外（4 个角和 4 个侧面）。如果平铺值为 1，结果是一个 3×3 的晶格。如果平铺值为 2，结果是一个 5×5 晶格，以此类推。

➢ Tile Brightness（平铺亮度）：设置平铺位图的亮度。值为 1.0 时，亮度等于原始图像的值；值为 0.5 时亮度为一半；值为 0 时，为黑色。

➢ Tile Bitmap（平铺位图）：勾选该选项后，可重复编辑器中的位图，从而显示材质中设置的平铺。可以使用任意部分的平铺图像来设置纹理坐标。

➢ Affect Center Tile（影响中心平铺）：当勾选时，"平铺亮度"设置会均等地影响所有平铺。取消勾选后，中心或者"源点"会始终平铺保持在最高亮度，这样方便将原始平铺从副本中区别出来。

➢ Constant Update In Viewports（在视口中持续更新）：在移动鼠标时影响视口中对 UVW 顶点的调整。默认设置为不勾选（直到释放鼠标调整 UVW 顶点的效果才会显示于视口）。

➢ Show Image Alpha（显示图像 Alpha）：在编辑器中显示背景图像的 Alpha 通道（如果它存在的话）。

➢ Show Hidden Edges（显示隐藏边）：切换面边的显示。取消勾选该选项后，仅显示面。勾选该选项后，将显示所有的网格几何体。

➢ Blend Tile To Background（混合平铺贴图到背景）：影响对混合平铺的亮度设置低于 1.0 的颜色。取消勾选此选项后，平铺混合为黑色。勾选此选项后，平铺混合为背景色。

● Misc Preferences（其他首选项组）：如图 2-5-60 所示。

➢ Center Pixel Snap（中心像素捕捉）：勾选此选项后，将捕捉到背景图像的中心像素，而不是边缘像素。

➢ Grid Snap（栅格捕捉）：勾选后，将捕捉到栅格边和相交处。

➢ Vertex Snap（顶点捕捉）：勾选后，将捕捉到纹理坐标顶点。

➢ Edge Snap（边捕捉）：勾选后，将捕捉到纹理坐标边。

➢ Grid Size（栅格大小）：设置水平和垂直栅格线条的位置。默认值为 0.1。将栅格大小设置为 0 会有效地禁用栅格。为最高值 1.0 时，栅格与纹理大小相同。

➢ Snap Str（捕捉强度）：设置栅格捕捉的强度。默认设置为 0.2。范围为 0～0.5。将强度设置为 0 会有效地禁用捕捉。当值低于 0.3 时，栅格捕捉趋向栅格边缘。为最高值 0.5 时，栅格捕捉仅可以捕捉栅格相交点。

● Selection Preferences（选择首选项）：如图 2-5-61 所示。

图 2-5-60

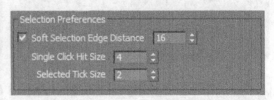

图 2-5-61

➢ Soft Selection Edge Distance（软选择边距离）：勾选后，通过指定选择和受影响顶点之间的边数来限制衰减范围。影响范围使用一系列"边距"空间量度而不是用绝对距离。默认值为 16。

➢ Single Click Hit Size（单击感应尺寸）：设置从子对象中单击选中的距离。默认值为 4。范围为 1～10。

➢ Selected Tick Size（选定标记大小）：设置编辑器窗口用于表示选定顶点方形框的大小。默认值为 2，范围为 1～10。

2.5.7 实例制作——沙发

具体操作步骤如下。

（1）制作沙发的模型，在正侧顶视图中，用 Box 搭建沙发的大体轮廓，放置到相对应的位置。

建立 Box001，设置其 Length（长度）为 76cm、Width（宽度）为 190cm、Height（高度）为 45cm。
建立 Box002，设置其 Length（长度）为 64cm、Width（宽度）为 76cm、Height（高度）为 12cm。
建立 Box003，设置其 Length（长度）为 2cm、Width（宽度）为 190cm、Height（高度）为 12cm。
建立 Box004，设置其 Length（长度）为 68cm、Width（宽度）为 2cm、Height（高度）为 2cm。
如图 2-5-62 所示。

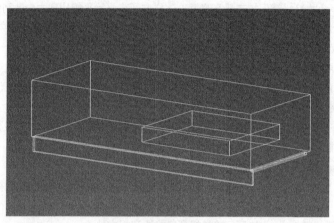

图 2-5-62

（2）修改 Box001 模型，通过加线、调整点、删除面等方式，调整到如图 2-5-63 所示沙发靠背的简模的造型。

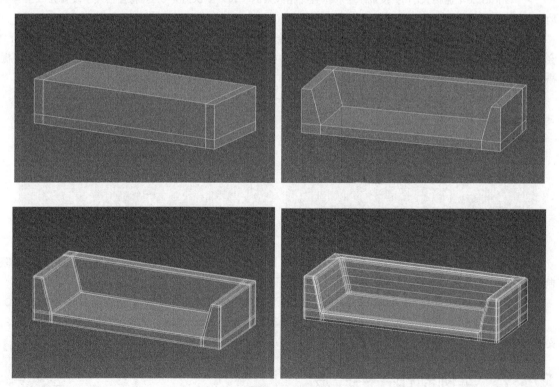

图 2-5-63

（3）修改 Box002 模型，通过加线、调整点等方式，调整到如图 2-5-64 所示沙发坐垫的简模的造型。

图 2-5-64

（4）修改 Box003 模型，通过加线、调整点、删面、补面等方式，调整到如图 2-5-65 所示沙发腿部的简模的造型。

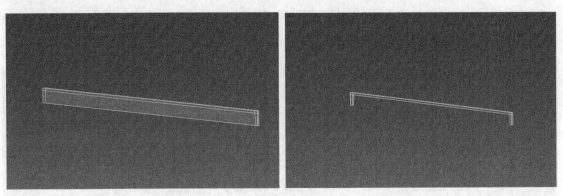

图 2-5-65

（5）把 Box003 与 Box004 沙发腿部的模型进行切角处理，然后进行相对应的镜像复制。结果如图 2-5-66 所示。

（6）复制沙发坐垫模型，通过调整造型，将其修改为沙发靠背的模型。把两个沙发坐垫与靠垫复制出来。结果如图 2-5-67 所示。

（7）为除了沙发腿部之外的沙发模型，包括沙发主体、沙发坐垫与沙发靠垫的模型整体添加 TurboSmooth（涡轮平滑）修改器，将 Iterations（迭代次数）设置为 2。接着把模型转化为可编辑多边形模型，如图 2-5-68 所示。

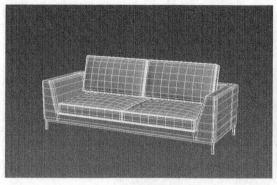

图 2-5-66   图 2-5-67

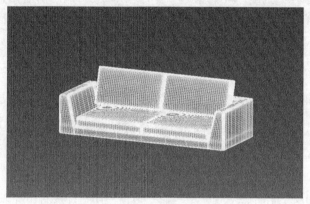

图 2-5-68

（8）进行模型 UV 制作。首先为模型整体添加 UVW 贴图修改器，设置默认数值，然后添加展开 UVW 修改器。把需要留的接缝处的边线，在"编辑 UVW"对话框中用 Break 断开。如图 2-5-69 所示。

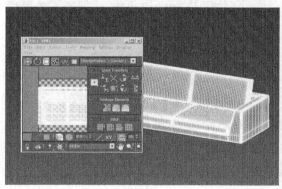
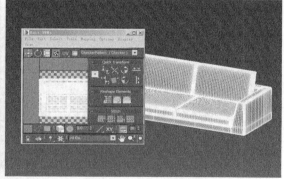

图 2-5-69

（9）运用"编辑 UVW"对话框中的"快速剥"与工具栏里的 Relax 命令，把模型 UV 调整到平铺展开。如图 2-5-70 所示。

（10）对不同模型部分进行变更模型面 ID 处理。如沙发主体、沙发坐垫、沙发靠垫、沙发金属腿，分为 4 个 ID。最后把展好的 UV1 复制到 UV2 项线上。调整 UV2 项线上的布局，把面占满整个项线。沙发模型与沙发模型的 UV 制作完成。效果如图 2-5-71 所示。

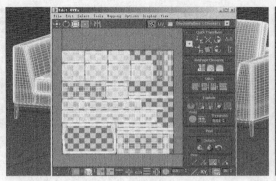 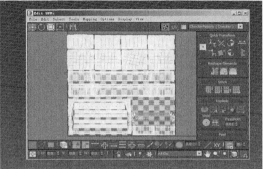

图 2-5-70　　　　　　　　　　　　　　　　图 2-5-71

通过扫描二维码可以观察引擎中沙发模型的效果。

双人床

2.5.8　实例制作——双人床

具体操作步骤如下。

（1）制作双人床的模型，在正侧顶视图中，用 Box 建立双人床的大体轮廓，如图 2-5-72 所示。

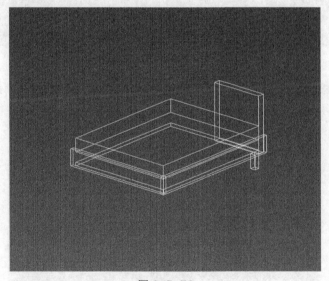

图 2-5-72

建立 Box001，设置其 Length（长度）为 10cm、Width（宽度）为 80cm、Height（高度）为 68cm。

建立 Box002，设置其 Length（长度）为 200cm、Width（宽度）为 160cm、Height（高度）为 16cm。

建立 Box003，设置其 Length（长度）为 215cm、Width（宽度）为 5cm、Height（高度）为 20cm。

建立 Box004，设置其 Length（长度）为 5cm、Width（宽度）为 170cm、Height（高度）为 20cm。

建立 Box005，设置其 Length（长度）为 200cm、Width（宽度）为 160cm、Height（高度）为 4cm。

建立 Box006，设置其 Length（长度）为 8cm、Width（宽度）为 8cm、Height（高度）为 17.5cm。

（2）对 Box001 通过加线、调点等方式调整造型。注意顶部靠背弧度的造型。如图 2-5-73 所示。

（3）继续细化 Box001，为模型添加 TurboSmooth（涡轮平滑）修改器，将 Iterations（迭代次数）设置为 2，观察调整模型侧面弧度的造型。如图 2-5-74 所示。

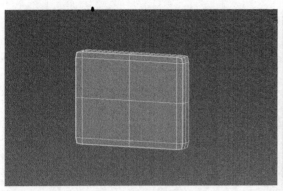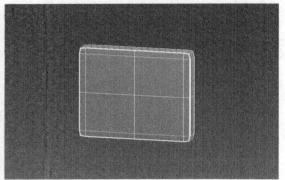

图 2-5-73

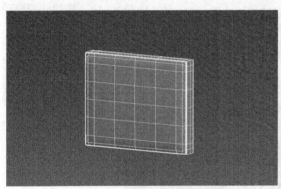

图 2-5-74

（4）对 BoxB002 床垫部分，通过增加线段、调整点等方式，进行模型调整修改。如图 2-5-75 所示。

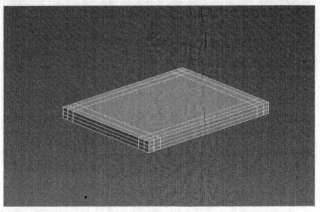

图 2-5-75

（5）继续细化 Box002，为模型添加 TurboSmooth（涡轮平滑）修改器，将 Iterations（迭代次数）设置为 2，观察调整模型侧面弧度的造型。如图 2-5-76 所示。

（6）在顶视图调整 Box003 与 Box004 的造型，通过调整点的方式进行模型调整，修改后把所有边进行切角处理，数值为 0.2cm，然后增加平行线。把 Box003 在顶视图镜像复制至 X 轴。结果如图 2-5-77 所示。

（7）对 Box006 床腿部分进行切角处理数，值为 0.12cm，然后增加平行线。将其复制到相对应的 3 个床腿位置。结果如图 2-5-78 所示。

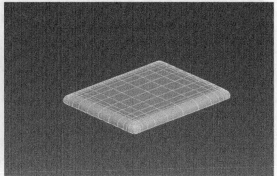

图 2-5-76

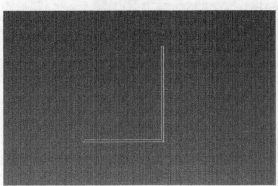

图 2-5-77

图 2-5-78

（8）进行模型 UV 制作。为模型整体添加 UVW 贴图修改器，设置为默认数值，添加展开 UVW 修改器。把需要留的接缝处的边线，在"编辑 UVW"对话框中用 Break 断开。如图 2-5-79 所示。

（9）运用"编辑 UVW"对话框中的"快速剥"与工具栏里的 Relax 命令，把模型 UV 调整到平铺展开。如图 2-5-80 所示。

（10）对不同模型部分进行变更模型面 ID 处理。如床头、床垫、床头、床尾等分为 5 个 ID。把展好的 UV1 复制到 UV2 项线上。调整 UV2 项线上的布局，使之把面占满整个项线。沙发模型与沙发模型的 UV 制作完成。效果如图 2-5-81 所示。

图 2-5-79

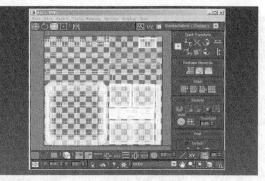

图 2-5-80

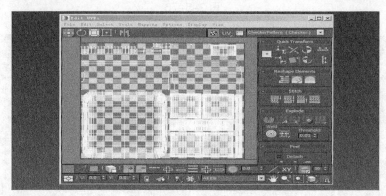

图 2-5-81

通过扫描二维码可以观察引擎中双人床模型的效果。

2.6 综合练习题

请利用在第 2 章学到的编辑器工具制作下列三维模型习题。

1. 马桶

参考数值如图 2-6-1 和图 2-6-2 所示。

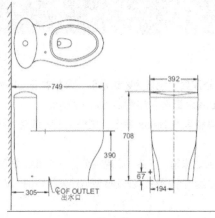

图 2-6-1

图 2-6-2

2. 花洒

参考数值如图 2-6-3 和图 2-6-4 所示。

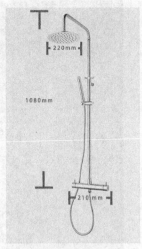

图 2-6-3　　　　　　　　　　　　　图 2-6-4

3. 沙发

参考数值如图 2-6-5 所示。

图 2-6-5

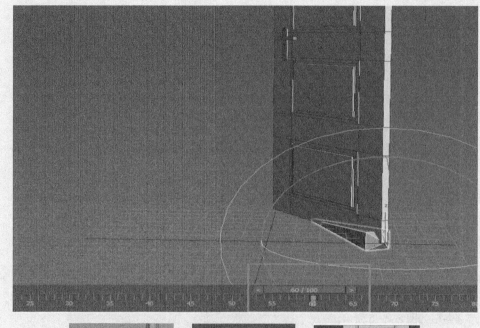

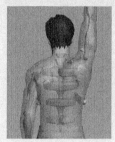

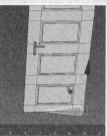

第3章

模型的骨骼搭建与绑定

3.1　骨骼绑定模型的概念

　　蒙皮绑定，属于三维动画术语，主要用于 VR 虚拟现实中人物的动作表现、影视作品故事人物角色的精细刻画、3D 游戏中游戏角色的帅气动作。它是三维动画的一种制作技术。在三维软件中创建的模型基础上，为模型添加骨骼。由于骨骼与模型是相互独立的，为了让骨骼能够驱动模型产生合理的运动。把模型绑定到骨骼上的技术就叫做蒙皮绑定。如图 3-1-1 所示。

图 3-1-1

3.2　骨骼的种类

　　3D 模型动画的基本原理是让模型中各顶点的位置随时间变化。主要种类有 Morph（变形）动画、关节动画和骨骼蒙皮动画（Skinned Mesh）。从动画数据的角度来说，三者一般都采用关键帧技术，即只给出关键帧的数据，其他帧的数据使用插值得到。但由于这 3 种技术的不同，关键帧的数据是不一样的。Morph（渐变，变形）动画是直接指定动画每一帧的顶点位置，其动画关键帧中存储的是 Mesh 所有顶点在关键帧对应时刻的位置。关节动画的模型不是一个整体的 Mesh，而是分成很多部分的 Mesh，通过一个父子层次结构将这些分散的 Mesh 组织在一起，父 Mesh 带动其子 Mesh 的运动，各 Mesh 中的顶点坐标定义在自己的坐标系中，这样，各个 Mesh 是作为一个整体参与运动的。在动画帧中设置各子 Mesh 相对于其父 Mesh 的变换（主要是旋转，当然也可包括移动和缩放），通过子到父，一级级地变换累加（在技术上，如果是矩阵操作则是累乘）得到该 Mesh 在整个动画模型所在的坐标空间中的变换（从本文的视角来说就是世界坐标系了，下同），从而确定每个 Mesh 在世界坐标系中的位置和方向，然后以 Mesh 为单位渲染即可。关节动画的问题是，各部分 Mesh 中的顶点是固定在其 Mesh 坐标系中的，这样在两个 Mesh 结合处就可能产生裂缝。

　　骨骼蒙皮动画的出现解决了关节动画的裂缝问题，而且效果非常出色。而 SkinnedMesh 的原理简单得难以置信。骨骼动画的基本原理可概括为：在骨骼控制下，通过顶点混合动态计算蒙皮网格的顶点，而骨骼的运动相对于其父骨骼，由动画关键帧数据驱动。一个骨骼动画通常包括骨骼层次结构数据、网格（Mesh）数据、网格蒙皮数据（Skin Info）和骨骼的动画（关键帧）数据。如图 3-2-1 所示。

　　在 3ds Max 中使用的骨骼分为两种。

　　一种是自由搭建的 Bones 骨骼。如图 3-2-2 所示。

　　Bones 骨骼，为 3ds Max 自带的骨骼工具，该骨骼提供正向动力学系统和骨骼缩放限制特性。它给了用户一个很好的骨骼制作条件。

　　另一种是拟人的 CS（Character Studio）骨骼。如图 3-2-3 所示。

　　Character Studio 骨骼包含了 3ds Max 的两个插入模块：Biped 主要用来设计两足动物的动画及其动作。Biped 使用手工操作与参数化的方法快速地制作出两足

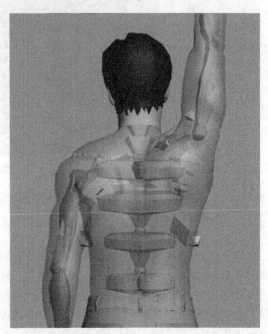

图 3-2-1

动物的骨骼。同时，可以模拟出三维的人物。用人机对话的方式来放置步迹的位置和设置时间，这样很容易就创造出了"走""跑""跳"等动画。

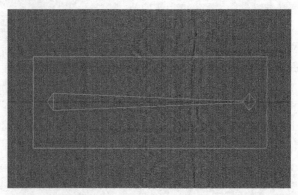

图 3-2-2

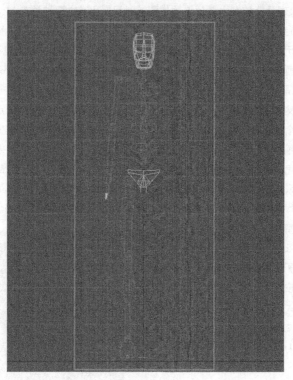

图 3-2-3

3.3　骨骼在蒙皮中的应用

蒙皮是将骨骼控制模型的形态节点，达到合理的绑定效果，所谓的形态节点就是外部轮廓。蒙皮分两种：柔性和刚性。这两种蒙皮效果不同，作用也不同。用于骨骼动画的骨骼结构通常是继承的，这意味着骨骼有一个孩子/父母关系，所以创建了一根骨头。除了根骨之外，每个骨骼都有一个父母。例如，在绘制人体时，用户可以将后骨分配为具有诸如手臂和腰部以及手指骨的儿童骨骼的根部。当父骨骼移动时，它移动其所有的孩子，但是当孩子的骨骼移动时，它不会移动它的父母（手指可以移动而不移动手，但是当手移动时会移动所有的手指）。从实践的角度来看，这意味着当处理骨骼的变换时，需要将所有的子级骨骼链接到一个父骨骼上，便于在以后进行控制。一般刚性绑定中也可直接链接给骨骼，利用父子级关系，也能达到骨骼链接想要的结果。如图 3-3-1 所示。

图 3-3-1

从本质上来讲，所有的 3D 动画系统都基于一种逻辑，那就是用一定的方法去改变模型上顶点的位置，只是具体改变的方法不同而已。骨骼动画也是一样的。骨骼动画的基本原理就是首先控制各个骨骼和关节，再使附在上面的蒙皮模型与其匹配。在骨骼蒙皮动画中，一个角色由作为皮肤的单一网格模型和按照一定层次组织起来的骨骼组成。骨骼层次描述了角色的结构，就像关节动画中的不同部分一样，骨骼蒙皮动画中的骨骼按照模型本身的特点组成一个层次结构。相邻的骨骼通过关节相连，并且可以做相对的运动。通过改变相邻骨骼间的夹角、位移，组成角色的骨骼就可以做出不同的动作，实现不同的动画效果。组成模型上的每一个顶点都会受到一个或者多个骨骼的影响。在顶点受到多个骨骼影响的情况下，不同的骨骼按照与顶点的几何、物理关系确定对该顶点的影响权重，这一权重可以通过建模软件计算，也可以手工设置。通过计算影响该顶点的不同骨骼对它影响的加权和就可以得到该顶点在世界坐标系中的正确位置。动画文件中的关键帧一般保存着骨骼的位置、朝向等信息。通过在动画序列中相邻的两个关键帧间插值可以确定某一时刻各个骨骼的新位置和新朝向。然后按照模型上的各个顶点中保存的影响它的骨骼索引和相应的权重信息可以计算出该顶点的新位置。这样就实现了在骨骼驱动下的单一皮肤网格变形动画，或者简单地说骨骼蒙皮动画。骨骼蒙皮动画的效果比关节动画和单一网格动画更逼真、更生动。而且，随着 3D 硬件性能的提高，越来越多的相关计算可以通过硬件来完成，骨骼蒙皮动画已经成为各类实时动画应用中使用最广泛的动画技术。

3.4 蒙皮编辑器菜单

Skin 蒙皮编辑器是 3ds Max 软件中对模型分配权重的一个权重编辑工具。单击编辑器下的 Modifier List 下三角按钮，选择 Skin ，编辑器会自动将其加载到编辑层中（ Editable Poly ）。

整个 Skin 蒙皮编辑器系统分为 Parameters、Mirror Parameters、Display、Advanced Parameters、Gizmos 5 个部分。下面介绍前 4 个部分。

3.4.1 Parameters（参数）

Parameters 卷展栏可提供用于将骨骼添加到修改器中、调整封套以及手动设置顶点权重的控件。此处也提供了设置权重的其他方法。

- Edit Envelopes（编辑封套）

对模型子对象层级可修改封套和顶点权重。单击此按钮可以访问修改器堆栈中的"封套"子对象层级。如

图 3-4-1 所示。

- Vertices（编辑顶点）：要手动指定顶点权重，启用"编辑封套"，启用"顶点"，选择顶点，然后使用"权重属性"组工具调整选定顶点的权重。如图 3-4-2 所示。
- Shrink（收缩）：通过逐步取消选择最外部的顶点来缩小当前顶点选择。如果选择了所有顶点，则没有任何影响。
- Grow（扩大）：通过逐步添加相邻顶点扩大当前顶点选择。要能够扩大选择，至少先选择一个顶点。
- Ring（环形）：扩大当前顶点选择，以包括平行边中的所有顶点。先选择两个或更多个相邻顶点（即在同一边上），然后单击 Ring。
- Loop（循环）：扩大当前顶点选择，以包括连续边中的所有顶点。先选择两个或更多个相邻顶点，然后单击 Loop。如图 3-4-3 所示。
- Select Element（选择元素）：勾选后，只要从所选元素中选择了至少一个顶点，就可选择该元素的所有顶点。按住 Ctrl 或 Alt 键，然后单击顶点，可以编辑选择。这样可以向选择分别添加或删除顶点。
- Backface Cull Vertices（忽略背面顶点）：勾选后，不能选择远离当前视图的顶点（位于几何体的另一侧）。如图 3-4-4 所示。

图 3-4-1　　　　　图 3-4-2　　　　　图 3-4-3　　　　　图 3-4-4

- Envelopes（封套）：勾选它以选择封套，可以对骨骼的封套进行权重编辑。
- Cross Sections（横截面）：勾选它以选择横截面。如图 3-4-5 所示。
- Dual Quaternion（双四元数）：使用双四元数蒙皮可最大程度降低由于扭曲骨骼运动而导致的蒙皮网格收缩（体积丢失）。
- DQ Skinning Toggle（DQ 蒙皮切换）：勾选时，"蒙皮"修改器将结合使用线性和双四元数方法使网格变形。取消勾选时，蒙皮仅应用线性变形。
- Blend Weights（混合权重）：启用时，用于调整顶点权重的所有工具（除了"蒙皮权重表"对话框）都影响双四元数混合遮罩。如图 3-4-6 所示。

图 3-4-5　　　　　　　　　　　图 3-4-6

将 Skin 修改器应用于对象之后，第一步是确定哪些骨骼参与对象的加权。所选的每个骨骼都通过其封套影响加权的对象，可以在封套属性组中对此进行配置。

- Add（添加）：单击后，可从"选择骨骼"对话框中添加一个或多个骨骼。
- Remove（移除）：在列表中选择骨骼，然后单击 Remove 以移除它。
- Name（名称）：列出系统中的所有骨骼。在"封套"子对象层级，在列表中高亮显示一个骨骼会显示该骨骼的封套以及该封套影响的所有顶点。

骨骼将自动按字母顺序升序排序，如"名称"按钮上的向上箭头所示。要反转排序顺序，请单击"Name"按钮。如图 3-4-7 所示。

- Cross Sections（横截面）：在默认情况下，每个封套都具有两个圆的横向横截面，分别位于封套两端。下列选项从封套添加和移除横截面。

  ➢ Add（添加）：在列表中选择骨骼，单击 Add，然后在视口中骨骼上的某个位置单击以添加横截面。

  ➢ Remove（移除）：选择封套横截面并单击 Remove 以删除它。

  必须启用"选择"组中的"横截面"选项，然后才能选择横截面。

  只能删除添加的额外横截面，不能删除默认的横截面。如图 3-4-8 所示。

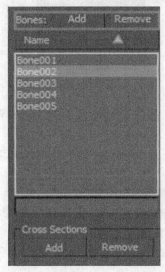

图 3-4-7

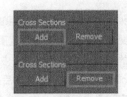

图 3-4-8

- Radius（半径）：在默认情况下，每个封套具有两个圆的横向横截面，分别位于封套两端。下列选项从封套添加和移除横截面。
- Add（添加）：在列表中选择骨骼，单击 Add，然后在视口中骨骼上的某个位置单击以添加横截面。
- Remove（移除）：选择封套横截面并单击 Remove 以删除它。

必须启用"选择"组中的"横截面"选项，然后才能选择横截面。

只能删除用户添加的额外横截面，不能删除默认的横截面。如图 3-4-9 所示。

- Absolute/Relative（绝对/相对）：此切换确定如何为内外封套之间的顶点计算顶点权重。

图 3-4-9

- Envelope Visibility（封套显示）：确定未选定封套的可见性。在列表中选择骨骼并单击"封套可见性"，然后选择列表中的另一个骨骼。选择的第一个骨骼将保持可见。使用此控件可处理两个或三个封套。
- Falloff slow out（衰减）：为选定封套选择衰减曲线。如果封套重叠并勾选了"绝对"，则权重在内部和外部封套边界之间的区域中下落。此设置允许指定如何处理衰减。
- Copy（复制）：将当前选定封套的大小和图形复制到内存。启用子对象封套，在列表中选择一个骨骼，单击"复制"，然后在列表中选择另一个骨骼并单击"粘贴"，将调整好的封套从一个骨骼复制到另一个骨骼。如图 3-4-10 所示。

- Abs.Effect（绝对值）：输入选定骨骼相对于选定顶点的绝对权重。选择"封套"子对象层级，在"参数"卷展栏"选择"组中勾选"顶点"，选择一个或多个顶点，然后使用"绝对值"。微调器指定权重。选定顶点在其权重变化时在视口中移动。

- Rigid（刚性）：使选定顶点仅受一个最具影响力的骨骼影响。

- Rigid Handles（刚性控制柄）：使选定面片顶点的控制柄仅受一个最具影响力的骨骼影响。

- Normalize（规格化）：强制每个选定顶点的总权重合计为 1.0。如图 3-4-11 所示。

图 3-4-10　　　　　　　　　图 3-4-11

- Exclude Selected Verts（排除选择的顶点）：将当前选定的顶点添加到当前骨骼的排除列表中。此排除列表中的任何顶点都不受此骨骼影响。

- Include Selected Verts（包含选择的顶点）：从排除列表中为选定骨骼获取选定顶点。然后，该骨骼将影响这些顶点。

- Select Excluded Verts（选择排除的顶点）：选择所有从当前骨骼排除的顶点。

- Bake Selected Verts（烘焙选定顶点）：单击以烘焙当前的顶点权重。所烘焙权重不受封套更改的影响，仅受绝对效果的影响，或者受权重表中权重的影响。如图 3-4-12 所示。

➤ Weight Tool（权重工具）：单击后显示"权重工具"对话框，该对话框提供了一些控制工具，帮助用户在选定顶点上指定和混合权重。

➤ Weight Table（权重表）：显示一个表，用于查看和更改骨架结构中所有骨骼的权重。请参见权重表。

➤ Paint Weights（绘制权重）：在视口中的顶点上单击并拖动光标，以便刷过选定骨骼的权重。

➤ Bake Selected Verts（烘焙选定顶点）：单击后打开"绘制选项"对话框，可从中设置权重绘制的参数。如图 3-4-13 所示。

图 3-4-12　　　　　　　　　图 3-4-13

3.4.2　Mirror Parameters（镜像参数）

Mirror Parameters 卷展栏中的选项是为了对称地编辑封套和顶点指定对称用途。

● Mirror Mode（镜像模式）：启用镜像模式，允许将封套和顶点指定从网格的一个侧面镜像到另一个侧面。此模式仅在"封套"子对象层级可用。

"镜像"模式使用"镜像平面"设置确定网格的"左侧"和"右侧"。在启用"镜像模式"时，镜像平面左侧的顶点变为蓝色，而右侧的顶点变为绿色。既不位于左侧也不位于右侧的顶点变为红色，包括镜像平面上的顶点。如果顶点未更改为适当颜色，可能必须提高"镜像阈值"，以扩展用于确定左侧和右侧的范围。

如果选择顶点或骨骼，选定顶点或骨骼将变为黄色，网格另一侧上的对应匹配项变为更亮的蓝色或绿色。这有助于用户查找匹配项。如图 3-4-14 所示。

➤ 　Mirror Paste（镜像粘贴）：将选定封套与顶点指定粘贴到物体的另一侧。

➤ 　Paste Green to Blue Bones（将绿色骨骼粘贴到蓝色骨骼）：将封套设置从绿色骨骼粘贴到蓝色骨骼。

➤ 　Paste Blue to Green Bones（将蓝色骨骼粘贴到绿色骨骼）：将封套设置从蓝色骨骼粘贴到绿色骨骼。

➤ 　Paste Green to Blue Verts（将绿色顶点粘贴到蓝色顶点）：将各个顶点从所有绿色顶点粘贴到对应的蓝色顶点。

➤ 　Paste Blue to Green Verts（将蓝色顶点粘贴到绿色顶点）：将各个顶点从所有蓝色顶点粘贴到对应的绿色顶点。如图 3-4-15 所示。

图 3-4-14

图 3-4-15

● Mirror Plane（镜像平面）：用于确定左侧和右侧的平面。启用"镜像"模式时，该平面在视口中显示在网格的轴点处。选定网格的局部轴用作平面的基础。如果选择了多个对象，将使用一个对象的局部轴。默认值为 X。

● Mirror Offset（镜像偏移）：沿"镜像平面"轴移动镜像平面。如图 3-4-16 所示。

● Mirror Thresh（镜像阈值）：在将顶点设置为左侧或右侧顶点时，镜像工具看到的相对距离。启用"镜像"模式后，如果网格中的部分顶点（镜像平面上顶点以外的顶点）不是蓝色或绿色，则提高"镜像阈值"的值以包含更大的角色区域。提高此值还可以补偿不对称模型中的对称不足。

● Display Projection（显示投影）：将其设置为"默认显示"，选择镜像平面一侧上的顶点会自动将选择投影到相对面；将其设置为"正值"或"负值"，可仅在角色的一侧选择顶点；将其设置为"无"，不会将选定顶点投影到任一侧。如图 3-4-17 所示。

图 3-4-16

图 3-4-17

3.4.3 Display（显示）

控制蒙皮功能在视口中的显示方式。

- Show Colored Vertices（色彩显示顶点权重）：根据顶点权重设置视口中的顶点颜色。
- Show Colored Faces（显示有色面）：根据面权重设置视口中的面颜色。
- Color All Weights（明暗处理所有权重）：向封套中的每个骨骼指定一个颜色。顶点加权将颜色混合在一起。如图 3-4-18 所示。
- Show All Envelope（显示所有封套）：同时显示所有封套。
- Show All Vertices（显示所有点）：在每个顶点绘制小十字叉。在面片曲面上，该控件还绘制所有控制柄。
- Show All Gizmos（显示所有辅助工具）：显示除当前选定的辅助工具以外的所有辅助工具。如图 3-4-19 所示。

图 3-4-18

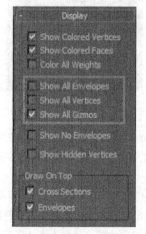

图 3-4-19

- Show No Envelope（不显示封套）：即使已选择封套，也不显示封套。
- Show Hidden Vertices（显示隐藏的顶点）：勾选后，将显示隐藏的顶点。否则，这些顶点将保持隐藏状态，直至勾选该选项或转到对象的修改器（可编辑网格或可编辑多边形），然后分别单击"选择"卷展栏或"编辑几何体"卷展栏上的"全部取消隐藏"。如图 3-4-20 所示。
- Draw On Top（在顶部绘制）：确定在视口中，将在所有其他对象的顶部绘制哪些元素。

➢　Cross Sections（横切面）：强制在顶部绘制横切面。

➢　Envelope（封套）：强制在顶部绘制封套。如图 3-4-21 所示。

图 3-4-20

图 3-4-21

3.4.4　Advanced Parameters（高级参数）

提供附加蒙皮修改器选项。如图 3-4-22 所示。

* Always Deform（始终变形）：用于编辑骨骼和所控制点之间的变形关系的切换。此关系是在最初应用"蒙皮"时设置的。要更改该关系，取消勾选"始终变形"，移动对象或骨骼后再勾选它。

➢　Ref. Frame（参考帧）：设置骨骼和网格位于参考位置的帧。通常，该帧为第 0 帧。如果第 0 帧为参考帧，则从第 1 帧或以后的帧开始播放动画。如果需要相对于网格调整骨骼，则将时间滑块移到第 0 帧，取消勾选"始终变形"，将骨骼移到正确位置后再勾选"始终变形"。

* Back Transform Vertices（回退变换顶点）：用于将网格链接到骨骼结构。通常，在执行此操作时，任何骨骼移动都会根据需要将网格移动两次，一次随骨骼移动，一次随链接移动。选中此选项可防止在这些情况下网格移动两次。

* Rigid Vertices（All）（刚性顶点）：勾选此选项，可以有效地将每个顶点指定给其封套影响最大的骨骼，即使为该骨骼指定的权重为 100% 也是如此。顶点将不具有分布到多个骨骼的权重，蒙皮对象的变形将是刚性的。这主要用于不支持权重点变换的游戏引擎。

* Rigid Patch Handles（All）（刚性面片控制柄（全部））：在模型面上，强制面控制柄权重等于 0 权重。

图 3-4-22

* Bone Affect Limit（骨骼权重影响限制）：通过调整数值来影响模型顶点权重的骨骼影响限制，默认值为 20。

Reset（重置组）：

⬛Reset Selected Verts（重置选定的顶点）：将选定顶点的权重重置为封套默认值。手动更改顶点权重后，需要时可使用此控件重置权重。

▤Reset Selected Bone（重置选定的骨骼）：将关联顶点的权重重新设置为为选定骨骼的封套计算的原始权重。

▤Reset All Bones（重置所有骨骼）：将所有顶点的权重重新设置为所有骨骼的封套计算的原始权重。

- Update on mouse up（释放鼠标时更新）：勾选后，如果按下鼠标左键，则不进行更新。释放鼠标时，将进行更新。该选项可以避免不必要的更新，从而使工作流程快速移动。

- Fast Updates（快速更新）：在不渲染时，禁用权重变形和辅助工具的视口显示，并使用刚性变形。

- Ignore Bone Scale（忽略骨骼比例）：勾选此选项可以使蒙皮的网格不受缩放骨骼的影响。

- Animatable Envelopes（可设置动画的封套）：勾选 Auto Key（自动关键点）时切换在所有可设置动画的封套参数上创建关键点的可能性。

- Weight All Vertices（所有顶点的权重信息）：勾选后，将强制不受封套控制的所有顶点加权到与其最近的骨骼。对手动加权的顶点无效。

- Remove Zero Weights（移除零权重信息）：如果顶点低于"移除零限制"值，则从其权重中将其去除。

- Remove Zero Limit（设置移除权重信息限制）：设置权重阈值，该阈值确定在单击 Remove Zero Weights（移除零权重信息）后是否从权重中去除顶点。默认设置为 0.0。

3.5 刚性蒙皮

权重：在编辑封套模式下，在封套覆盖范围内的网格模型显示出几种颜色，从封套内部的红色过渡到封套边缘的蓝色。这些颜色表示封套所对应的骨骼对于网格的控制强度，被称为"权重"。红色代表完全控制（权重值为 1.0），蓝色代表控制力非常微小（权重值接近 0），灰色代表该处模型完全不受封套控制。如图 3-5-1 所示。

"蒙皮修改器"界面包括如图 3-5-2 所示卷展栏。

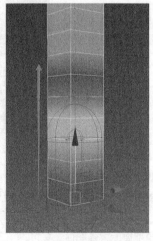

图 3-5-1

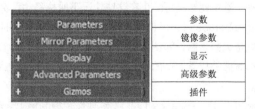

Parameters	参数
Mirror Parameters	镜像参数
Display	显示
Advanced Parameters	高级参数
Gizmos	插件

图 3-5-2

1. Parameters（参数）卷展栏

它包括蒙皮修改器里很多常用功能，也是最常用到的卷展栏。

- Vertices（顶点）：启用/禁用选择顶点模式。勾选后可以对蒙皮对象顶点进行操作。如图 3-5-3 所示。
- Shrink（收缩）：从选定对象中逐渐减去最外部的顶点，以修改当前的顶点选择。如果选择了一个对象中的所有顶点，则没有任何效果。如图 3-5-4 所示。

- Grow（扩大）：逐渐添加所选定对象的相邻顶点，以修改当前的顶点选择。必须从至少一个顶点开始，以能够扩充用户的选择。如图 3-5-5 所示。
- Ring（环）：扩展当前的顶点选择，以包括平行边中的所有部分。注意：必须选择至少两个顶点，以使用"环"选择。如图 3-5-6 所示。

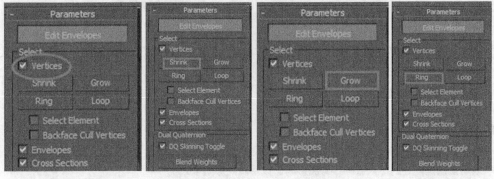

图 3-5-3　　　　　图 3-5-4　　　　　图 3-5-5　　　　　图 3-5-6

2. 权重工具

权重工具：单击后显示 Weight Tool（权重工具）对话框，该对话框提供了一些控制工具。如图 3-5-7 所示。

- Shrink/Grow/Ring/Loop（收缩/扩大/环/循环）：和编辑顶点模式下的同名命令一样，点击 0/0.1/0.25/0.5/0.75/0.9/1 这些数字，可以快速设定选定封套对选定顶点的权重。在"规格化"开启的情况下，多个封套对一个顶点的权重总和固定为 1。
- Set Weight（设置权重）：根据字段值设置一个绝对权重。默认值为 0.5。

> **注意**　微调器默认以 0.05 的步长递增字段值。

- +/-：将每个选定顶点的权重值增加/减少 0.05。
- Scale Weight（缩放权重）：将每个选定顶点的权重值乘以字段值，得到一个相对的权重变化值。默认值是 0.95。
- +/-：将每个选定顶点的权重增加/减少 0.05。

图 3-5-7

- Copy（复制）：复制当前的权重值到内存。
- Paste（粘贴）：将复制的权重值粘贴给选定顶点。
- Paste-Pos（粘贴姿态）：根据所选定顶点和复制顶点之间的距离（这是由粘贴姿态容差值决定的），将复制缓冲区中的当前权重值指定给选定的顶点。当需要在共享一个公共骨骼的两个并列蒙皮网格之间匹配权重时，这非常有用。

Paste-Pos Tolerance（粘贴姿态容差）：确定粘贴姿态的半径影响，默认值为 0.1。

- Blend（混合）：修改所选定的权重值，以平滑它们和其周围顶点之间的变换。
- Vertices Selected（顶点权重列表）：显示复制和选定顶点的数量信息。顶点权重列表显示所选定顶点的权重，以及对其权重有贡献的骨骼封套。高亮显示列表中的各个骨骼，以选择当前视口中的单个封套。注意：如果选择了多个顶点，则列表仅显示第一次所选择顶点的权重。如图 3-5-8 所示。
- Weight Table（权重表）：蒙皮修改器的权重表用于同时更改几个顶点和骨骼的顶点权重。如图 3-5-9 所示，单击 Weight Table 后，弹出如图 3-5-10 所示的表。

图 3-5-8　　　　　　　　　　　　　　　图 3-5-9

如果要同时修改大量的顶点权重，使用权重表是非常方便的。下面介绍权重表内每一个部分的意义。

➢ Vertex ID（顶点 ID）：列出了顶点的编号。

➢ 顶点的属性（S、M、N、R、H）：

S—表明顶点处于选中状态。

M—表明顶点权重已被修改。

N—表明顶点权重经归一化处理（所有顶点权重之和为 1.0）。

R—表明顶点是刚性的（只被一个骨骼影响，该骨骼的影响最大）。

H—表明面片控制柄是刚性的（只被一个骨骼影响，该骨骼的影响最大）。

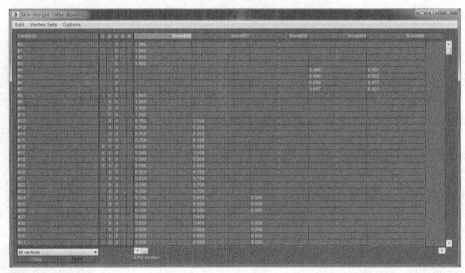

图 3-5-10

所有骨骼名称：表格的最主要部分，详细标明了每个骨骼对于每个顶点的权重。在开启"规格化"的情况下，每个顶点的权重总和都为 1.0。"-"表示该骨骼与该顶点无联系。

顶点选择下拉菜单：通过修改菜单可以改变权重表内显示顶点，可以选择显示全部顶点，只显示选择顶点或仅被选中骨骼影响的顶点。

Copy/Paste（复制/粘贴）：复制/粘贴选择顶点的权重。

绘制权重：在视口中的顶点上单击并拖动光标，以便刷过选定骨骼的权重。

3.6　家装设计动画实例

3.6.1　实例制作——门的骨骼绑定与动画调整

具体操作步骤如下。

（1）将 MAX 中门的模型坐标原点清零，因为在引擎中每个模型都要在模型本身的原点位置，这样便于摆放。如图 3-6-1 所示。

（2）在模型里创建一根 Bone 骨骼，Bone 骨骼位置一定要建立在门的门框，这样的操作是为了在调节动画的时候保证门的旋转角度。如图 3-6-2 所示。

（3）选择门的模型并且添加 Skin 编辑器。如图 3-6-3 和图 3-6-4 所示。

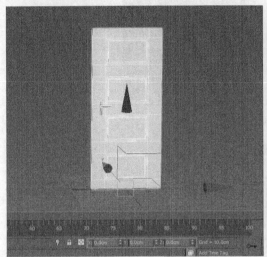

图 3-6-1

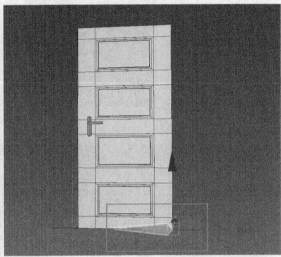

图 3-6-2

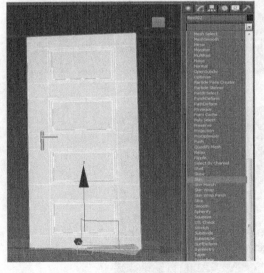

图 3-6-3

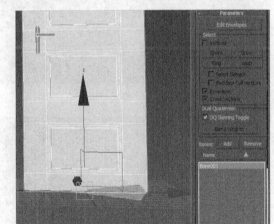

图 3-6-4

（4）单击 Edit Envelopes（编辑封套），勾选 Vertices（编辑顶点），进行刚性绑定。如图 3-6-5 所示。

（5）绑定完成后，选中 Bone 骨骼在时间条上打开 Auto Key（自动记录关键帧），操作框变成红色。如图 3-6-6 所示。

（6）选中 Bone 骨骼，在时间槽的起始帧单击右键，弹出对话框，询问是否要在当前关键帧出记录位移、旋转、缩放，单击 OK 按钮。如图 3-6-7 所示。

（7）选中 Bone 骨骼在时间槽 60 帧的位置，将 Bone 骨骼在视窗坐标的模式下旋转 Z 轴 60°，完成门打开的动画。如图 3-6-8 所示。

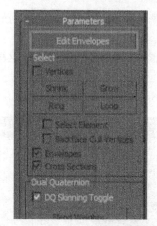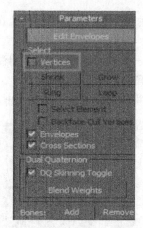

图 3-6-5

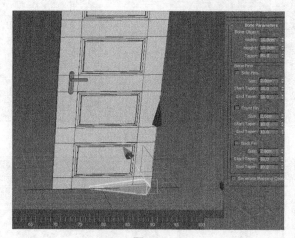

图 3-6-6

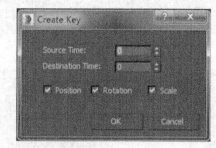

图 3-6-7

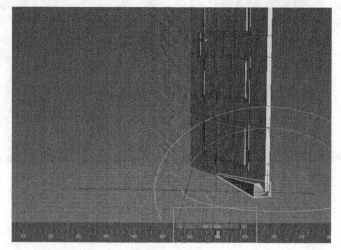

图 3-6-8

（8）选中所有的模型与骨骼，选择导出并且进行命名。如图 3-6-9 所示。

（9）命名后弹出一个对话框，选择 Animation（动画）选项与 Bake Animation（烘焙动画）选项，然后导出 FBX 文件。如图 3-6-10 所示。

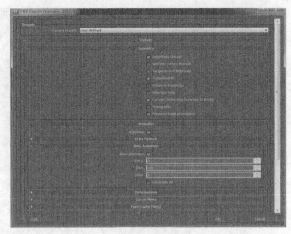

图 3-6-9   图 3-6-10

3.6.2 实例制作——衣柜的骨骼绑定与动画调整

具体操作步骤如下。

（1）将门的模型坐标原点清零，因为在引擎中每个模型都要在模型本身的原点位置，这样便于摆放。如图 3-6-11 所示。

（2）创建 Bone 骨骼。这里需要注意，在创建骨骼时，要先建立一个父级骨骼，父级骨骼不需要建立 Bone 骨骼，可以利用模型层级里的 Box 进行创建，建立位置一定要放在原点，然后再建立子级骨骼。子级骨骼可以利用 Bone 骨骼，建立位置放在衣柜的把手处。如图 3-6-12 所示。

图 3-6-11   图 3-6-12

（3）将创建好的 Bone001 与 Box001 建立父子链接关系，Box001 为父级关系，Bone001 为子级关系。然后选择模型并在编辑器工具栏中添加 Skin 编辑器，单击 Add 按钮添加骨骼进行刚性绑定。如图 3-6-13 所示。

（4）单击 Edit Envelopes（编辑封套），然后勾选 Vertices（编辑顶点），进行刚性绑定。如图 3-6-14 所示。

（5）先将衣柜的整体模型绑定在 Box001 的骨骼上，再将衣柜的柜门部分绑定在 Bone001 的骨骼上。如图 3-6-15 所示。

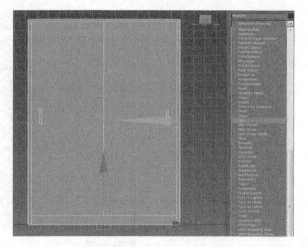

图 3-6-13

图 3-6-14

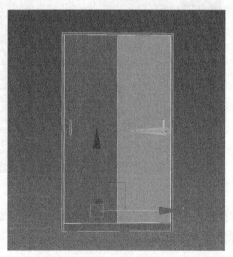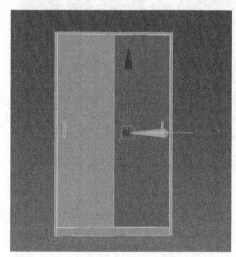

图 3-6-15

（6）绑定完成后，选中所有骨骼，在时间条上打开 Auto Key（自动记录关键帧），操作框会在软件界面中显示为红色。如图 3-6-16 所示。

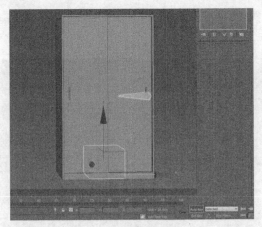

图 3-6-16

（7）选中所有骨骼，在时间槽的起始帧单击右键，弹出对话框，询问是否要在当前关键帧出记录位移、旋转、缩放，单击 OK 按钮。如图 3-6-17 所示。

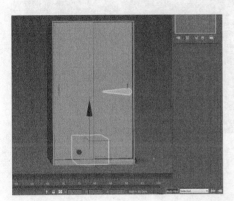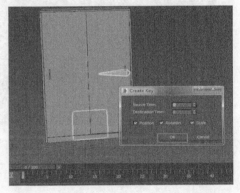

图 3-6-17

（8）选中 Bone001 骨骼，将时间轴拖动到 100 帧的位置，把 Bone001 骨骼在视窗坐标的模式下将 X 轴位移到打开状态，完成门打开的动画。如图 3-6-18 所示。

（9）选中所有的模型与骨骼，选择导出并且进行命名。如图 3-6-19 所示。

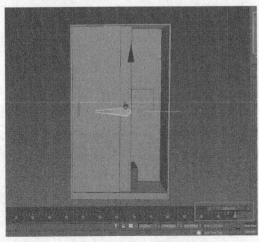

图 3-6-18　　　　　　　　　　　　　　　图 3-6-19

（10）命名后弹出一个对话框，选择 Animation（动画）选项与 Bake Animation（烘焙动画）选项，导出 FBX 文件。如图 3-6-20 所示。

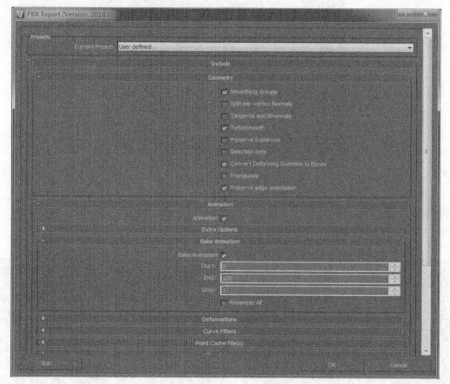

图 3-6-20

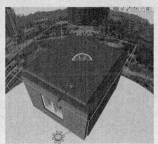
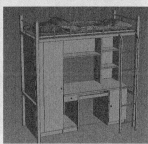

第4章

VR 模型动画在 UE4
引擎中的搭建

4.1　UE4 在引擎中进行模型导入参数设置

本章要将 MAX 模型导入 UE4 引擎当中。在导入引擎前，需要对模型的材质 ID、光滑组及 UV 等进行设置，以保证导入引擎的模型正确完整。

4.1.1　导入模型 ID 的设置

在实际的物体上，同一个物体会包含各种各样的材质。为了能够在一个物体上表现出不同的材质质感，在制作模型材质的时候，需要把模型整体的各个部位区分为不同的材质通道 ID。每个材质通道 ID，对应其在材质球上的 ID 设置。然后，将一个包含许多材质球的多维材质球赋予模型，用来区分同一模型上的不同材质。

下面以咖啡杯为例，介绍导入模型 ID 的设置。

如图 4-1-1 所示是一个咖啡杯的素体模型，这是一个一体的模型，需要将杯体、杯把、杯碟分成 3 个不同的材质来处理。遇到这种情况，就需要对模型的材质 ID 进行设置。并且要把材质球修改为多维材质球，对应设置材质 ID。

图 4-1-1

（1）先来设置模型的材质 ID。在 Poly 建模方式下，选择"面"或"体"的层级，只有在这两个层级下才可以对模型的材质 ID 进行设置。如图 4-1-2 所示。

在下面的属性面板中找到 Polygon：Material IDs（多边形物体的材质 ID 通道）选项栏。如图 4-1-3 所示。

图 4-1-2

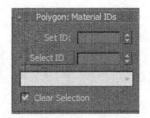

图 4-1-3

此选项框为模型材质 ID 的设置栏。具体命令如下。

Set ID: 1 （设置 ID）：用于向选定的面片分配特殊的材质 ID 编号，以供多维/子对象材质和其他应用使用。使用微调器或用键盘输入数字。可用的 ID 总数为 65535。

（选择 ID）：选择与相邻 ID 字段中指定的"材质 ID"对应的子对象。输入或使用该微调器指定 ID，然后单击 Select ID（选择 ID）按钮。

（按名称选择）：如果为对象指定了多维/子对象材质，此下拉列表将显示子材质的名称。单击下拉箭头，然后从列表中选择某个子材质，选中分配该材质的子对象。如果对象没有分配到多维/子对象材质，则不提供名称列表。同样，如果选定的多个对象已经应用"编辑面片""编辑样条线"或"编辑网格"修改器，则名称列表将处于非活动状态。

> **注意**
>
> 　子材质名称是指在该材质的"多维/子对象参数"卷展栏的"名称"列中指定的名称。这些名称不是在默认情况下创建的，因此，必须使用材质名称单独指定。

（清除选择）：勾选后，如果选择新的 ID 或材质名称，将会取消选择以前选定的所有子对象。不勾选时，选定内容是累计结果，因此，新 ID 或选定的子材质名称将会添加到现有的面片或元素选择集中。

（2）在设置材质 ID 的时候，先选择需要进行 ID 设置的物体，然后在"Set ID"中输入。按 Enter 键，即设置成功。例如：选择咖啡杯的杯体，然后在"Set ID"中输入 1，按 Enter 键，这样，杯体的材质 ID 便设置为 1 号。如图 4-1-4 和图 4-1-5 所示。

图 4-1-4　　　　　　　　　　　图 4-1-5

同理，将杯把的材质 ID 设置为 2 号，将杯碟的材质 ID 设置为 3 号。

（3）在材质球中对多维材质球进行设置，使其和刚刚设置好的材质 ID 对应。

（4）打开材质编辑器，单击 Standard（标准）按钮。这时会弹出 Map Browser（贴图浏览器）菜单栏。在菜单栏中，选择 Multi/Sub-Object（多维/子质球）选项。这样，就把普通材质球设置成了多维材质球。如图 4-1-6 所示。

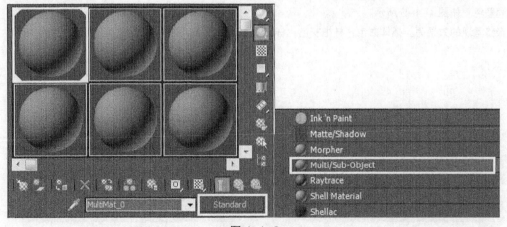

图 4-1-6

进入多维/子材质球编辑界面。如图 4-1-7 和图 4-1-8 所示。

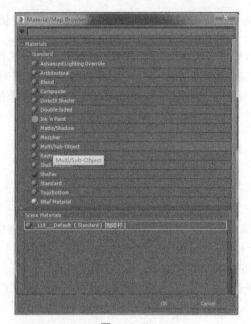

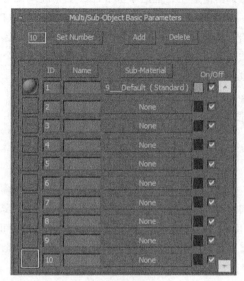

图 4-1-7 　　　　　　　　　　　　　　　　　　图 4-1-8

具体命令如下。

Set Number （设置数量）：设置子材质球的数量。

Add （添加）：添加子材质球。

Delete （删除）：删除子材质球。

ID ：材质球对应的材质 ID 号。

Name （名称）：材质球名称。

Sub-Material （子材质）：子材质球的其他信息。

On/Off （开/关）：显示开关。

（5）根据做好的模型，需要用到 3 个材质 ID。首先单击 Delete 按钮删除多余的子材质球，单击 Add 按钮添加 3 个子材质球，并且保证材质球的 ID 号和设置好的模型材质 ID 号对应。

（6）单击 1 号子材质球，对材质 ID 号为 1 的物体材质进行编辑。这里，为了方便观察，将 3 个 ID 号赋予了不同颜色。如图 4-1-9 所示。

最终呈现的效果为：杯体白色，杯把灰色，杯碟黑色。材质 ID 设置完成，效果如图 4-1-10 所示。

图 4-1-9

图 4-1-10

4.1.2　导入模型光滑组的设置

在 3ds Max 中，模型都是由面组成的，而且每个面都有一个光滑组属性。当相邻的两个面在同一个光滑组属性内时，说明这个组中的所有面趋于光滑。反之，若相邻的两个面不为同一光滑组，则这两个面趋于棱角。如图 4-1-11 和图 4-1-12 所示。

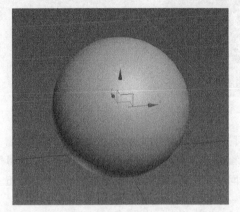

图 4-1-11

图 4-1-12

如图 4-1-11 和图 4-1-12 为两个同样的模型在不同光滑组下的表现。当球体中所有的面，光滑组设置为同一时，表面呈现为光滑的表面（见图 4-1-11）。当球体中所有的面，光滑组设置为不同时，表面呈现为棱角的效果（见图 4-1-12）。

光滑组的设置没有绝对的正确与错误。这要看用户想要实现的最终效果，并依此来设置模型的光滑组。

接下来看光滑组的设置方法。首先在 Poly 建模方式下，选择"面"或"体"的层级，只有在这两个层级下才可以对模型的光滑组进行设置。在"面"或"体"的层级下，选择 Smoothing Groups（光滑组）选项。

图 4-1-13 为光滑组设置选项栏。使用这些控件，可以向不同的光滑组分配选定的面，还可以按照光滑组选择面。当要向一个或多个光滑组分配面时，首先要选择需要分配的面，然后单击要向其分配的光滑组数字按钮。

Select By SG（按光滑组选择）：显示说明当前光滑组的对话框。通过单击对应编号按钮选择组，然后单击 OK 按钮确定。如果勾选 Clear Selection（清除选定内容），会取消以前选择的所有面。不勾选 Clear Selection（清除选定内容），则会选择单独物体的所有光滑组。如图 4-1-14 所示。

图 4-1-13

图 4-1-14

Clear All（清除全部）：从选定的面片中删除所有的光滑组分配。

Auto Smooth（自动光滑组）：根据面与面之间的角度设置光滑组。如果任意两个相邻的面法线间的角度小于该按钮右侧的微调器的阈值角度，则表示这两个面处于同一个光滑组中。

45.0（阈值）：使用该选项微调（位于"自动光滑组"的右侧），可以指定相邻面的法线之间的最大角度。该选项可以确定这些面是否处于同一个光滑组中。

接下来，通过实际案例，对模型的光滑组进行设置。还是以咖啡杯为例，首先清除掉原有的光滑组信息。物体的面与面之间会变得有棱角。这种感觉显然是错误的，实际上，杯子的表面应该是圆滑的表面。如图 4-1-15 所示。

图 4-1-15

由于此模型为中高模（面数较多的模型），所以我们可以把杯体上所有的面的光滑组统一为一个值。首先，在"体"层级下选择杯体的所有面。然后在 Smoothing Groups 选项栏中，选择一个光滑组序号，使得杯子整体变得圆滑。杯体这一部分的光滑组设置完毕。最后，用同样的方法将杯把和杯碟设置成统一的光滑组。如图 4-1-16 和图 4-1-17 所示。

图 4-1-16

图 4-1-17

> **注意**
>
> Auto Smooth（自动光滑组）按钮需要和右边的阈值来配合使用。阈值的数值代表相邻两个面之间的角度。凡是小于阈值中角度数值的两个面，就会计算为一个光滑组。

以一个球体为例，先将阈值设为默认的 45，看看效果。然后将阈值设为 10，做一下对比。如图 4-1-18 和图 4-1-19 所示。

图 4-1-18

图 4-1-19

可以看到，当把阈值设为 45 时，所有小于 45° 的两个面之间都变得圆滑，如图 4-1-18 所示。当把阈值设为 10 时，两个面之间夹角小于 10° 的面会变为一个光滑组，而大于 10° 的面则会分为两个不同的光滑组，变成棱角，如图 4-1-19 所示。

所以，使用自动光滑组，通过改变阈值的数值，可以快捷地改变一些较复杂模型的光滑组设置。

4.1.3　导入模型 UV 的规则与设置

模型制作完成后，需要将模型放到 UE4 引擎当中。这时，需要对模型的 UV 进行调整，制作第二套 UV。

通常情况下，第一套 UV 用来贴纹理贴图，包括颜色、法线、粗糙度等。在 UV 完全展开的前提下，第一套 UV 允许出现贴图共用的现象，而且允许 UV 镜像。有时，为了提升贴图精度质量，可以超出 UV 框，来增加贴图像素尺寸。

第二套 UV 通常是放到 UE4 引擎当中使用的。在 UE4 引擎当中，整体场景都会打上一个世界灯光，来烘焙一张 AO 贴图。这种场景中的物体，会表现出阴影等立体效果。第二套 UV 就是为了在引擎当中烘焙 AO 贴图来使用的，因此，第二套 UV 不允许出现共用贴图的现象，并且要保证在 UV 框内。

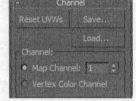

图 4-1-20

下面介绍设置第二套 UV 的方法。首先对制作的模型加载 Unwrap UVW 修改器。在 UVW 修改器中选择 Channel（通道）选项栏。如图 4-1-20 所示。

Map Channel: 1（贴图通道）：此选项为 UV 通道的编号。由此修改器控制的纹理坐标的标识号。此通道值与贴图参数中设置的"贴图通道"值一致。这样，修改器就可以控制设置为同一通道的贴图应用于对象曲面的方式。默认值为 1。范围为 1～99。

先将第一套 UV 设置好。第一套 UV 要求棋盘格打开，不允许出现拉伸。可以出现共用贴图的面，可以镜像 UV。如图 4-1-21 所示为设置完的第一套 UV。摆放的时候注意，如果使用一张非循环图的做法，要求 UV 摆放尽量将 UV 框占满。

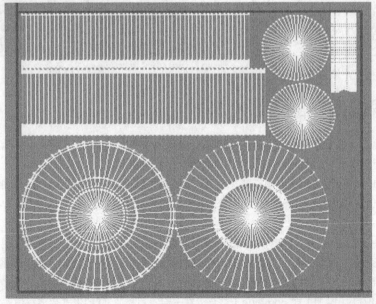

图 4-1-21

制作完第一套 UV 后，来制作第二套 UV。将 Map Channel（贴图通道）的数值设置为 2，然后按 Enter 键。弹出一个对话框，为通道切换警告。如图 4-1-22 所示。

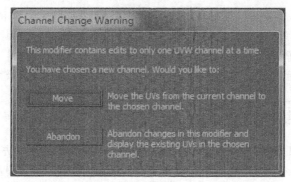

图 4-1-22

- Move（移动）：将 UV 从目前的通道移动到所选择的通道，相当于复制 UV 设置。
- Abandon（放弃）：放弃此修改器中的更改，并显示选定通道中现有的 UV。

如果是第一次制作二套 UV，选择 Move（移动），复制第一套 UV。这样，第二套 UV 只需要重新摆放，检查重复面、镜像面等问题就可以了。

重新摆放 UV，可以单击 （自动摆放）按钮。此按钮可以将所有的 UV 按比例缩放为同等像素，并且分散摆放到 UV 框中。或者使用 Mapping（贴图）菜单中的 Flatten Mapping（展平贴图）命令。将贴图应用于落入指定角度阈值中的连续多边形组。如图 4-1-23 所示。

单击 Flatten Mapping（展平贴图）命令，弹出"展平贴图"对话框。设置完成后单击 OK 按钮。如图 4-1-24 所示。

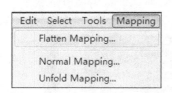

图 4-1-23

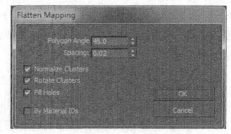

图 4-1-24

4.1.4　导出模型的 FBX 模式

对模型的材质 ID、光滑组信息、UV 都设置完毕后，就可以将模型导入 UE4 引擎当中了。在导入模型之前，需要将模型导出为 FBX 格式，然后将 FBX 格式的文件导入 UE4 引擎。

FBX 是 Autodesk MotionBuilder 固有的文件格式，该系统用于创建、编辑和混合运动捕捉和关键帧动画。它也是用于与 Autodesk Revit Architecture 共享数据的文件格式。用户可以在 3ds Max 中导入和导出此格式的文件。

模型的转换是最常见的需求。点对点、线对线的状况最为单纯，FBX 在这个部分的表现相当理想，多边形模型基本上是分毫不差。材质方面，FBX 能够保留多边形的贴图信息（UV 信息）、材质球的属性等。

FBX 在转换后，每一个单独的模型产生一个新的材质，所以，材质编辑器里面会有很多的材质球。在转换前，要先将模型 Attach（附加）或 combine（结合）在一起。用材质 ID 的形式生成材质球。

下面来介绍模型导出 FBX 格式的方法。具体操作步骤如下。

（1）在菜单栏中单击应用程序菜单中的 Export（导出）命令，如图 4-1-25 所示。

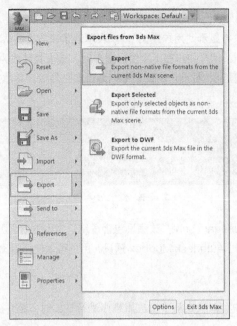

图 4-1-25

（2）在 Save as type（保存类型）下拉列表中选择 Autodesk（.FBX），命名文件并定位到想要保存相应 FBX 文件的位置。如图 4-1-26 所示。

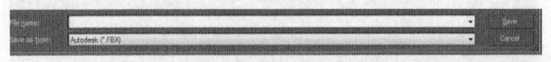

图 4-1-26

（3）单击 Save（保存）按钮，将打开 FBX Export（FBX 导出器）窗口。如图 4-1-27 所示。

图 4-1-27

（4）设置完成后，单击 OK 按钮。

"FBX 导出器"窗口主要参数介绍如下。

① Presets（编辑预设）

如果更改预设，则预设字段将显示"用户定义"，以表示该预设与其默认状态不同。该插件会将"用户定义"状态保存在一个临时文件中，这样用户在下次使用插件时，该设置就成为默认设置。

还可以通过"编辑""保存预设"将用户的设置保存为自定义预设。具体方法请参见创建自定义预设和编辑预设。如图 4-1-28 所示。

图 4-1-28

● Autodesk Media and Entertainment：该预设包含适用于大多数动画工作流的最佳设置。

● Autodesk Mudbox：通过 Autodesk Mudbox 预设，用户可以使用导出选项，它是适用于 3ds Max 和 Mudbox 之间的最佳默认设置。

② Include（包含）

通过"包含"卷展栏，用户可以决定从主机应用程序进行导出时，插件应用于场景的数据和转换。如图 4-1-29 所示。

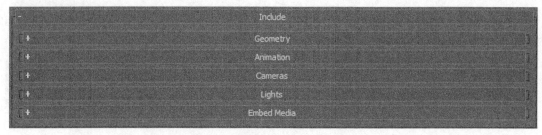

图 4-1-29

③ Geometry（几何体）：如图 4-1-30 所示。

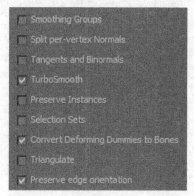

图 4-1-30

● Smoothing Groups（光滑组）：如果希望添加所导出的 FBX 场景中的光滑组信息，请激活此选项。

● Split per-vertex Normals（按顶点线分割）：激活此选项可以按边缘连续性分割几何体顶点法线。

● Tangents and Binormals（切线和 Binormal）：激活此选项，可以使 3ds Max FBX 插件根据网格的 UV 和法线信息创建切线和 Binormal 数据。

● TurboSmooth（涡轮平滑）：使用"涡轮平滑"可以导出源网格（非细分版）和涡轮平滑属性。

- Preserve Instances（保留实例）：激活"保留实例"选项可以在 FBX 导出中保留实例。
- Selection Sets（选择集）：激活此选项可以导出选择集。
- Convert Deforming Dummies to Bones（将变形虚拟转化为骨骼）：使用该选项可以保持变形但是会将用作骨骼的几何体转换为实际的骨骼对象。
- Triangulate（三角化）：该选项会自动细化导出的多边形几何体。
- Preserve edge orientation（保留边方向）：通过此选项，只要插件在文件中检测到包含隐藏边方向的可编辑多边形对象时，就会自动将这些对象转换为可编辑的网格对象。

④ Animation（动画）：如图 4-1-31 所示。

激活该选项可导出场景中的动画，展开该选项可访问高级动画选项和功能。

图 4-1-31

- Extra Options（附加选项）：展开"附加选项"可以查看其他导出选项。
  - ➢ Use scene name 使用场景名
  - ➢ Remove single key 移除单个关键点
- Bake Animation（烘焙动画）：通过此选项可以在导出时烘焙（或绘制）动画。
- Deformations（变形）：激活"变形"选项即可访问"蒙皮和变形"选项。
- Curve Filters（曲线过滤器）：通过曲线过滤器，用户可以在导出过程中为功能曲线应用动画过滤器。
- Point Cache File(s)（点缓存文件）：激活此选项可以创建所选选择集的缓存文件，以便用户能够在导出期间保留顶点动画。要使用该选项，必须先为要在 3ds Max 中保留其顶点动画的对象创建一个选择集。使用"选择集"菜单可以选择相应的集合以导出缓存文件。
- Characters（角色）：通过"角色"选项，可以指定在导出时 3ds Max FBX 插件处理角色和 HumanIK 数据的方式。

⑤ Cameras（摄像机）：激活此选项可以导出场景中包含的所有摄影机。

⑥ Lights（灯光）：激活此选项可以导出文件中包含的所有灯光。3ds Max FBX 插件可以导出并转换灯光类型以确保 FBX 的互操作性。

⑦ Embed Media（嵌入媒体）：激活该选项可以在 FBX 文件自身中包含（或嵌入）所有与场景相关的媒体。

⑧ Advanced Options（高级选项）

该卷展栏如图 4-1-32 所示。

图 4-1-32

- （单位）：

如果希望 3ds Max FBX 插件自动识别并设置目标文件的单位以与主机应用程序的单位匹配，请激活"自动"选项。

- Axis Conversion （轴转化）：FBX 导出插件有两个"轴转化"选项，即"Y-向上"和"Z-向上"。
- UI （UI）：可以使用这些选项设置 UI 的显示选项，如显示或隐藏警告管理器。
- FBX File Format （FBX 文件格式）：使用本部分可确定 FBX 文件的格式。

⑨ Information （信息）：如图 4-1-33 所示。

图 4-1-33

"信息"卷展栏包含有关 3ds Max FBX 插件的数据以及可用于访问 3ds Max FBX 插件帮助的按钮。单击"帮助"按钮可以启动 3ds Max FBX 插件联机用户文档。

4.1.5 实例制作——按照规范导入模型

在倒入模型文件前，首先整理导入模型位置的文件夹。建立良好的整理文件的规范，也是我们制作引擎文件的第一步，方便我们以后查找文件。

（1）我们首先在根目录下新建文件夹，文件夹的名字一般为"素材"，或者当前项目名称。如图 4-1-34 所示。

（2）然后在素材文件夹下的子层级中，分别建立三个文件夹，分别对应"材质球文件""模型文件""贴图文件"。在导入文件的时候，要将相应的文件导入到相应的文件夹中。如图 4-1-35 所示。

（3）导入模型的 FBX 格式文件。选择"模型文件"文件夹，单击"导入"按钮。如图 4-1-36 所示。

  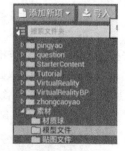

图 4-1-34　　　　　　　　　　图 4-1-35　　　　　　　　　　图 4-1-36

（4）弹出对话框，选择要导入的 FBX 文件路径，双击文件或者单击"打开"按钮。如图 4-1-37 所示。

（5）弹出"FBX 导入选项"对话框。完成设置后单击"导入所有"或者"导入"按钮。如图 4-1-38 所示。

FBX 导入中英文对照表如表 4-1-1 所示。

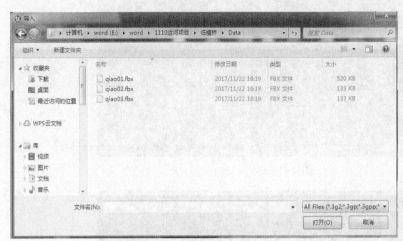

图 4-1-37

图 4-1-38

表 4-1-1

选项	描述
Skeletal Mesh（动态网格物体）	该项会尝试将此 FBX 文件导入为骨架网格物体。导入选项将会切换为正在导入的 FBX 文件，作为骨架网格物体来处理
Auto Generate Collision（自动生成碰撞盒）:	该项会自动生成静态网格物体的碰撞,如果在 FBX 文件中检测到了自定义碰撞，则不使用该项
Import Translation（导入初始位置）	该项会设定模型导入后相对场景原点的初始位置
Import Rotation（导入初始旋转）	该项会设定模型导入后相对场景原点的初始旋转
Import Uniform Scale（统一比例倍数）	该项会设定导入的模型比例倍数
Convert Scene（转换场景）	启用该选项，这将会把 FBX 场景坐标系统转换为虚幻引擎坐标系统
Force Front XAxis（强制 X 轴向前）	该项会设定导入的模型 X 轴线强制向前
Convert Scene Unit（转换场景单位）	模型单位导入后，将转换成场景单位
Auto Compute Lod Distance（自动计算 LOD 距离）	自动计算显示优化模型的距离
Search Location（锁定位置）	锁定模型导入的位置
Import Materials（导入材质）	该项会在虚幻引擎中创建 FBX 文件中的每个材质。不仅如此，还会自动导入 FBX 材质中引用的贴图，如果对应的属性存在，这些贴图将会连接到这些属性上。那些不支持的贴图则留下来不进行处理，等待连接到虚幻材质编辑器上
Import Textures（导入贴图）	启用该选项，将会把 FBX 文件中引用的贴图导入到虚幻引擎中。如果 Import materials（导入材质）为 true，那么无论这项设置为什么，都将总是导入贴图

（6）单击"保存所有"按钮，保存刚刚导入的模型。如图 4-1-39 所示。

（7）弹出一个"保存内容"对话框，单击"保存选中项"保存刚刚导入的物体。如图 4-1-40 所示。

（8）打开 QuickStartContent 目录，确认刚在引擎中创建的.uasset 文件。如图 4-1-41 所示。

图 4-1-39

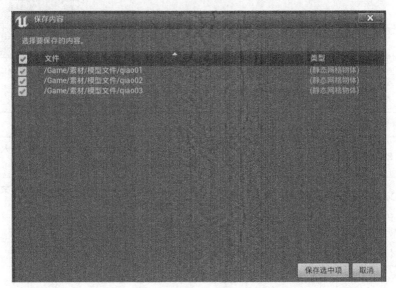

图 4-1-40

图 4-1-41

4.2　UE4 引擎中场景元素的搭建

本节介绍如何在 UE4 引擎当中搭建一个室内场景，包括如何合理地摆放物体、室外环境如何设置等。

4.2.1　创建项目

具体操作步骤如下。

（1）在 UE4 当中新建一个项目。打开 UE4，此处使用的是 4.16.3 版本。如图 4-2-1 所示。

图 4-2-1

（2）在管理器中选择"新建项目"，会打开所有新建项目的菜单。如图 4-2-2 所示。

图 4-2-2

（3）选择蓝图模板，有需要使用 C++ 的，在创建 C++ 类工程时会重新编译添加 C++ 库。如图 4-2-3 所示。

（4）可以看到 UE4 提供了多种模板，大部分属于各个种类游戏的基础模板。在这里选择 VR（Virtual Reality）模式的模板。这个模板会支持后续的 VR 眼镜，另外带有瞬移功能。如图 4-2-4 所示。

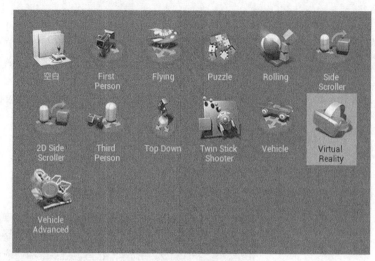

图 4-2-3

图 4-2-4

（5）设置桌面/游戏机、最高质量、具有初学者内容的 3 个选项。

- 第一个是选择使用者的操作硬件，分为两个选项：桌面/游戏机和移动设备/平板电脑。这里选择第一项"桌面/游戏机"，也就是说最终的成品是在 PC 端展示。如图 4-2-5 所示。
- 第二个选项是选择目标的像素级别。一般情况下选择"最高质量"。如图 4-2-6 所示。
- 第三个选项是选择新建项目的初始内容。启用它来包含一个额外的内容包，该内容包有一些具备基本材质和贴图的简单的可放置的网格物体。也可以选择不包含这个额外的包来创建一个项目，那么该项目将仅包含选中项目模板的基本信息。如图 4-2-7 所示。

图 4-2-5

图 4-2-6

图 4-2-7

（6）设置文件的储存位置，以及文件的命名。最后单击"创建项目"即可。如图 4-2-8 所示。

图 4-2-8

4.2.2　三维模型物品的摆放与设计

新建项目后开始正式搭建场景。本案例使用了一个学生宿舍的场景作为演示。先来看一下最终的整体效果。如图 4-2-9 所示。

具体操作步骤如下。

（1）场景中需要用到的素材，都提前通过 3ds Max 制作好，然后导出 FBX 格式文件到 UE4 引擎当中。模型需要设置材质 ID 及光滑组信息，设置方法可以回看之前的章节。

图 4-2-9

　　对于室内场景的案例，首先需要制作的是整体室内墙壁、地面和屋顶的模型。这里需要同时预留出门窗的位置。如果墙或者地面上有其他部件，也需要同时制作，例如此案例中的踢脚板。目的也是方便整合处理模型。如图 4-2-10 所示。

　　（2）宿舍中最主要的就是床的模型。在此案例中选择了下面为工作桌、上铺为床的设计。模型的制作此处不做讲解。需要注意的是，模型的材质 ID 分配、UV 及光滑组的设置。通常将 3ds Max 的制作单位设置成厘米。物体的尺寸完全按照实物的尺寸去制作，这样才能保证用 VR 眼镜看到的大小与实际大小相符。如图 4-2-11 所示。

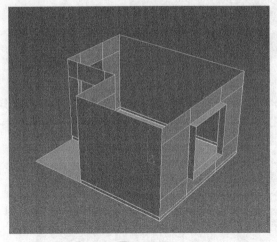
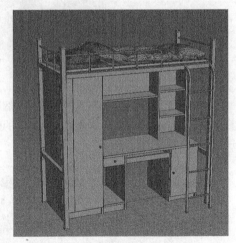

图 4-2-10　　　　　　　　　　　　　　　　　　　图 4-2-11

　　（3）按照同样的思路来制作宿舍中其他摆件，如电脑、水壶、书、衣服等。在制作过程中，可以按照自己的意愿进行设计。如图 4-2-12 所示。

　　（4）制作房屋对应遮光盒。由于场景中的灯光会透过墙壁等的缝隙进入室内，造成室内光照错误，所以需要制作一层遮光盒。也就是使用 Box 将墙壁及地面完全罩住，防止墙壁缝隙之间漏光。遮光盒可以直接在 3ds Max 中制作。直接用 Box 制作，互相拼接，以覆盖墙面、地面和屋顶，但要将窗户的位置空出来。如图 4-2-13 所示。

图 4-2-12

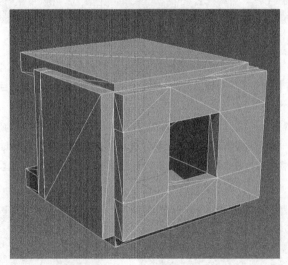

图 4-2-13

（5）模型制作完成后导出 FBX 格式文件，然后将 FBX 文件导入 UE4 引擎对应的文件夹当中。如果制作了贴图，需要把贴图文件导入，放置在 UE4 对应的贴图文件夹中，作为以后搭建场景的素材使用。如图 4-2-14 所示。

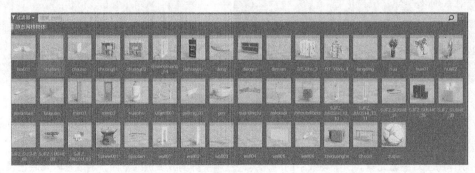

图 4-2-14

（6）打开新建的项目，一般默认的关卡中会带有一些基础模型。把这些基础的模型删除掉，只保留天空球、定向光源、天空光源、大气雾和玩家起始即可。

（BP_Sky_Sphere）：天空球。场景的天空设置。

（定向光源）：模拟太阳光照效果。

（天空光源）：世界光照。

（大气雾）：雾的效果。

（玩家起始）：玩家的出生点、起始位置。如图 4-2-15 所示。

图 4-2-15

（7）新建一个关卡，在想要新建关卡的文件夹中单击右键，选择"新建资源"→"关卡"命令。新建之后将上述提到的搭建场景素材放入场景中即可。如图 4-2-16 所示。

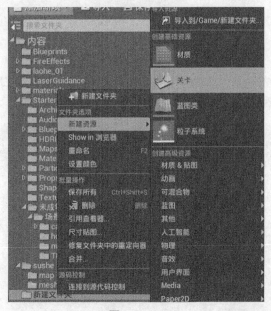

图 4-2-16

（8）将宿舍的墙壁、地面、屋顶、门窗和踢脚板等，一起放入场景中。选中所需要的素材，直接拖进场景中即可。由于在建模的时候，将这些模型的坐标放到了零点位置，所以在位置坐标处，将 3 个轴的坐标全设置为 0。如图 4-2-17 和图 4-2-18 所示。

图 4-2-17

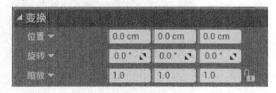
图 4-2-18

（9）放入房屋的遮光盒，位置坐标同样设置为 0，保证遮光盒能将整个房屋包裹起来。如图 4-2-19 所示。

图 4-2-19

（10）调整定向光源的光照角度，对准窗户，尽量不要直射，营造太阳光照进屋内的氛围。可以适当调整光源和阴影的强度，以达到理想效果。如图 4-2-20 所示。

图 4-2-20

（11）将墙面赋予材质。选中想要添加材质的部位，按快捷键 Ctrl+B 即可找到其在文件中的位置。双击文件进入模型编辑器。如图 4-2-21 所示。

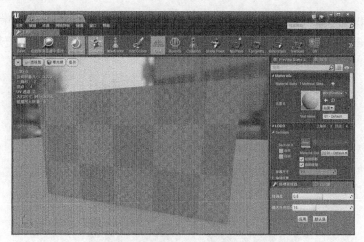

图 4-2-21

（12）我们可以自己制作材质球，后面的章节会介绍如何制作一个材质球。在这里使用了 UE4 自带的一个墙面的材质球。因为在新建项目的时候，选择了"具有初学者选项"，所以场景中会自带一些初级模型和材质球。位置在 StarterContent 文件夹的 Materials 目录中。如图 4-2-22 所示。

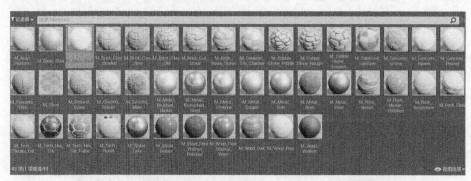

图 4-2-22

（13）将选中的材质球拖曳到模型编辑器的材质球放置的位置。或者在选中材质球的状态下，直接单击材质编辑器中的赋予材质按钮（向左的箭头）。用同样的方式为场景中的素材赋予材质。如图 4-2-23 所示。

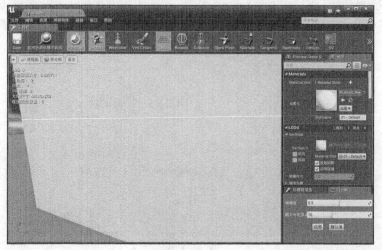

图 4-2-23

（14）在材质编辑器中赋予材质后，场景中所有使用此模型文件的物体都会被赋予相同的材质。当然，也可以直接选中场景中的物体，在右侧的细节菜单中给物体赋予材质。这样，不影响场景中其他同物体的材质。如图 4-2-24 所示。

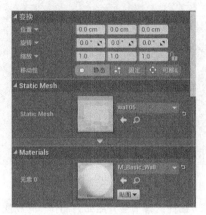

图 4-2-24

赋予材质后的整体效果，如图 4-2-25 所示。

图 4-2-25

（15）将床放入房间中，房屋设计为放有两张床的双人间，左右各一张床。先放入一张床，复制另一张并将其旋转 180° 放置到对面即可。注意床的背面要紧贴墙壁。而侧面与墙壁要留出一定的空隙。此处，床上用品是和床做成了一体的模型，当然也可以后期再添加一些元素，使得场景中的元素更加丰富。如图 4-2-26 所示。

图 4-2-26

（16）放入其他家具，如桌子、电脑椅、吊柜。如图 4-2-27 所示。

图 4-2-27

（17）放入窗帘。注意窗帘的下摆，模型是做成了放到地上的效果，所以，在放置的时候一定要贴着地面放置。调整模型大小，窗帘不宜过大。如图 4-2-28 所示。

图 4-2-28

（18）至此，房间中家具的部分摆放完毕。下面继续完善房间中小件物品部分。首先摆放的是电脑桌上的物品，必须摆放的包括电脑显示器、鼠标、键盘。如图 4-2-29 所示。

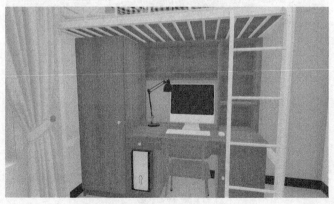

图 4-2-29

（19）添加细节物品。包括书架上的书以及电脑桌上的常用物品，如笔记本、笔筒、耳麦、书包等。摆放时注意物品放置位置的合理性。如图 4-2-30 所示。

图 4-2-30

（20）用同样的方法给对面的电脑桌添置物品。这里对物品的摆放及布局进行了适当调整，保证两边不会完全一致，使得整个场景更加美观并且合理。这张桌子上还添加了接线板、音响以及挂起来的衣服，使得整个场景更贴近真实生活。如图 4-2-31 所示。

图 4-2-31

（21）摆放旁边桌子及吊柜上的物品。这里可以摆放一些日常生活用品。如图 4-2-32 所示。

图 4-2-32

（22）在房间内放入装饰物。这里贴上了海报，并放置了绿色的植物。如图 4-2-33 所示。

图 4-2-33

（23）放置屋顶吊灯及开关、插座等。这是细节的体现，是场景中不可或缺的。也可以在此处添加互动操作，实现开关灯的效果。如图 4-2-34 所示。至此，室内物品摆放完成。

图 4-2-34

　　总结：摆放的物体应放到世界坐标的 0 点位置，便于以后的操作。在制作模型时注意物体尺寸要完全按照真实尺寸进行制作。室内基本设施应齐全，完全还原一个宿舍的原貌。对于宿舍场景而言，基本家具和窗帘等是必需的。其他小件物品按照喜好添加即可，但要注意摆放物品的合理性，而且注意整体布局的美观。最后可以放置一些装饰物，但不宜过多，此场景还是以朴素简洁为主。

UE4 引擎中场景
元素的搭建

　　通过扫描二维码可以观察引擎中场景元素的搭建的效果。

4.2.3　室外环境的设计与制作

　　室内场景制作完成后，不要忘记室外环境的制作，以保证整个场景的真实感。室外环境的制作必须要符合整个室内场景的氛围。对于以室内场景为主的项目，可以简单制作，用以烘托整体场景的氛围。

　　本节还是以宿舍场景为例。大部分的宿舍是在学校内的，所以室外的场景以学校场景为宜。也可以制作成城市外景。

制作方法可以分为实体模型制作和全景图制作。

1. 实体模型制作

制作城市效果外景，制作内容基本以植物和建筑为主。不必制作得过于复杂。也可以将房屋放矮，表示此宿舍场景为高处，这样就不需要制作地面了。

整理低多边形的房屋模型作为远景。种类要尽量多，这样能够使得整个场景看起来很丰富。远景建筑的面数一定不能过多，贴图可以选择照片材质，直接贴到模型上。如图 4-2-35 所示。

图 4-2-35

在摆放的时候要做到错落有致。最好不要出现高度过于一致的情况。本例将高层的建筑放在了后排。如果前排放置过高的楼，会将后排的楼挡住。另外，需要在宿舍场景内观察摆好后的楼，不要有漏光的位置。最后放上几棵树即可。如图 4-2-36 所示。

图 4-2-36

从室内观察的最终效果如图 4-2-37 所示。

2. 全景图制作

制作室外环境的另一种方法，就是使用全景图。将全景图赋予到一个环形的模型上。这种方法首先要保证使用的全景图的清晰度。在本案例场景中，使用了一张类似学校环境的全景图。如图 4-2-38 所示。

图 4-2-37

图 4-2-38

可以看到，这张图的整体效果还是比较理想的。有一个问题就是图上带有天空，而 UE4 引擎当中本来也带有天空环境的。所以，需要对这张图进行处理，将图上的天空部分去掉。去掉的方法是在 Photoshop 中，制作 Alpha 通道。如图 4-2-39 所示。

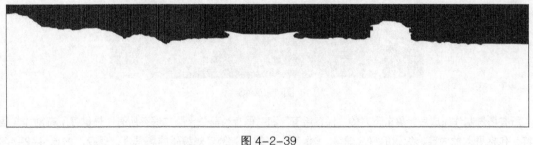

图 4-2-39

黑色的部分为天空，在引擎中不会显示，将这张图放到全景图的 Alpha 中，然后将全景图另存为 TGA 格式。如图 4-2-40 所示。

图 4-2-40

在 3ds Max 中制作一个圆环，用来贴刚才制作的全景图。这个模型不需要太多的面数，要求将之前制作的整个宿舍场景包围其中。如图 4-2-41 所示。

将圆环的 FBX 文件和全景图分别导入 UE4 引擎当中。创建一个简单的材质球蓝图。链接基本颜色，然后将 Alpha 通道与不透明度相连接，这样就可以让全景图中天空的位置透明。如图 4-2-42 所示。

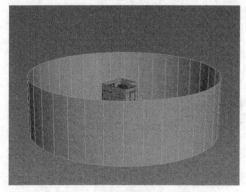
图 4-2-41

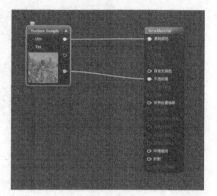
图 4-2-42

将材质球赋予圆环上，调整其大小和位置，以达到一个理想的位置。可以将观察视角设到宿舍室内，便于观察最终效果。如图 4-2-43 所示。

图 4-2-43

所有场景制作完成后，单击下方的"保存所有"和"保存当前关卡"。"保存所有"是保存所有制作文档的内容，包括导入的内容、编辑的材质球等。"保存当前关卡"是只对编辑的场景进行保存。如图 4-2-44 和图 4-2-45 所示。

图 4-2-44

图 4-2-45

4.3　UE4 引擎中材质球的制作

4.3.1　贴图制作规则与导入说明

1.　材质渲染概述

UE4（虚幻引擎 4）拥有全新的、DirectX 11 管线的渲染系统，包括延迟着色、全局光照、半透明光照、子表面着色、GPU 粒子模拟等。

2.　延迟着色

UE4 中所有光照均为 Deferred（延迟着色），这点与 UE3 的 Forward（前置光照）完全不同。材质将它们的属性写入 GBuffers（几何缓存），光照过程则读取材质每个像素的属性，并对它们执行光照处理。

3.　全局光照

在 UE4 中有 3 条光照路径：

完全动态——使用可移动光源。

部分静态——使用固定光源。

完全静态——使用静态光源。

这几个不同的工具在质量、性能和游戏中的可变性可直接取舍。每个游戏都可以选择所需要的方法来使用。

4.　半透明光照

针对半透明物体，其光照和着色只进行单次渲染，这样可以确保将其正确地与其他半透明物体混合，而如果采用多遍光照技术是无法完成的。如图 4-3-1 所示。

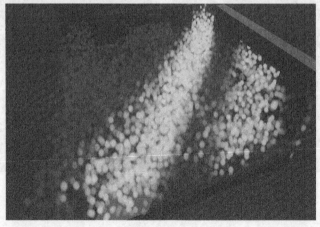

图 4-3-1

半透明物体可以将阴影投射于不透明的世界，以及其自身或者其他带光照的半透明物体。如图 4-3-2 所示。

图 4-3-2

5. 子表面着色

材质拥有了全新的光照模型 MLM_Subsurface，此模型是为蜡或翡翠等看似不透明、但光照在内部会散射的材质面打造。这种相对一般的表面渲染质量稍低一些，但其性能更高效。如图 4-3-3 所示。

图 4-3-3

6. GPU 粒子

UE4 支持在 GPU 上的粒子模拟。传统 CPU 计算体系能够在一帧内完成数以千计的粒子。而在 GPU 上的模拟运算则可以让以十万计的粒子被计算并有效地渲染。如图 4-3-4 所示。

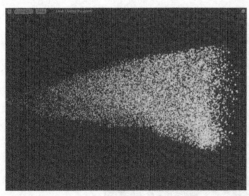
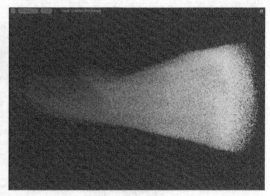

图 4-3-4

7. 矢量场

除了高效外，GPU 粒子最有趣的功能就是矢量场。矢量场是一个能对粒子运动产生统一影响的矢量网格。矢量场被作为 Actor 放置在世界中，而且可以像其他 Actor 一样被平移、旋转和缩放。并且它们是动态的，可以在任何时候被移动。如图 4-3-5 所示。

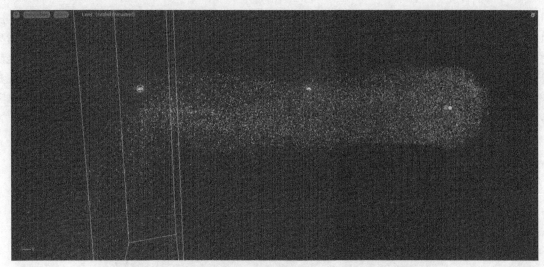

图 4-3-5

矢量场也可以在 Cascade 内使用，这样可以将它的作用限制在相关的粒子发射器中。当粒子进入矢量场的边界时，粒子的运动会受矢量场影响。当粒子离开该边界时，矢量场对粒子的影响消失。如图 4-3-6 所示。

图 4-3-6

8. 后期特效

UE4 提供了多种后期特效，这样设计师可以对场景最终的画面效果和感觉进行整体调整。这些元素和特效的示例包括光溢出（明亮物体上的 HDR 光溢出效果）、环境遮挡及色调映射。

9. 环境遮挡

环境遮挡的效果是 SSAO（屏幕空间环境遮挡）的一种实现方式，并且当前仅基于深度缓冲。这意味着法线贴图细节或平滑组不会影响效果。在启用该功能后，多边形数非常低的网格物体可能会呈现出更多的棱角。在 UE4 中，该功能仅被应用于场景，也就是说仅应用于 AmbientCubemap（环境立方体贴图）。

10. 环境立方体贴图

特效对整个场景的光照应用立方体贴图，此特效与材质被光照的位置无关。视角位置、材质粗糙度（用于高光效果）及材质表面法线均需考虑。这样就可以获得高效和高质量的光照环境。

11. 光溢出

这是真实世界中的一种光照现象，该效果可以在中度的渲染开销下，为渲染出的图像增加更多的真实感。当我们用裸眼看非常亮的对象并且背景很暗时，就会看到这种光溢出现象。尽管比较亮的对象也会产生其他的效果（如条纹、镜头眩光），但是这里讨论的典型的光溢出特效并不包含其他效果。由于常用的显示器（比如 TV、TFT……）通常不支持 HDR（High Dynamic Range，高动态范围），所以实际上并不能渲染非常亮的对象。取而代之的做法是，只是模拟以下的情况发生后的效果，比如光照在视网膜表面的散射，或者光照射到薄膜（薄膜表面散射）以及相机前方（乳白色玻璃滤镜）的效果。这类效果并不总是完全在物理学上显示正确，但却能帮助表现对象的相对亮度，或给 LDR（Low Dynamic Range，低动态范围）图片增加真实感。如图 4-3-7 所示。

图 4-3-7

12. 光溢出 Dirt Mask

光溢出 Dirt Mask 效果通过使用贴图在一些指定的屏幕区域使光溢出变得明亮。这可以用来制作战争镜头感，或制作更为夺目的 HDR 特效，或表达镜头缺陷感。

13. 人眼适应

人眼适应也称自动曝光，会自动调整场景的曝光度，重现从明亮环境进入黑暗环境（或相反）时所经历的效果。

14. 镜头眩光

镜头眩光效果是基于图像技术，会在镜头转向明亮物体时自动产生镜头的眩光效果。如图 4-3-8 所示。

图 4-3-8

15. 色调映射

色调映射使得渲染场景的颜色可以被转换或修改从而得到不同的效果。这可以被用来制作诸如棕褐滤镜或击中特效（例如红色闪光）等。如图 4-3-9 所示。

16. Vignette 效果

Vignette 效果可以造成被渲染场景的亮度随距视角中心位置的距离增加而逐渐降低。如图 4-3-10 所示。

图 4-3-9

图 4-3-10

17. 材质表达式节点与网络

关于材质，用户需要知道的第一件也是最重要的事情就是，它们并非通过代码，而是通过材质编辑器中的可视脚本节点（称为材质表达式）所组成的网络来构建。每一个节点都包含 HLSL 代码片段，并用于执行特定的任务。这意味着当用户构建材质时，是在通过可视化脚本编程来创建 HLSL 代码。如图 4-3-11 所示。

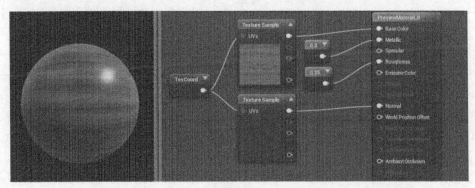

图 4-3-11

在这个例子中，有一个非常简单的网络，它用来定义硬木地板。然而，材质表达式网络并非如此简单，有些材质经常会包含数十个材质表达式节点。

用户可以在材质表达式参考资料中找到有关可用材质表达式的文档。

18. 使用颜色和数字

颜色在数字成像方面，由 4 个主通道构成。如表 4-3-1 所示。

表 4-3-1

R – 红色
G – 绿色
B – 蓝色
A – 阿尔法

对所有数字图像而言，其任何通道的值都可以由一个数字表示。关于材质的许多工作无非是根据一系列的情况和数学表达式来处理这些数字。

材质使用浮点值来储存颜色信息。这通常意味着每个通道的值范围都是 0.0～1.0，而不像是某些图像编辑应用程序那样使用 0～255。需要注意的是，任何时候都可以使用超过此范围的值，这在某些情况下会产生特殊的行为。例如，将颜色发送到材质的"自发光"（Emissive）输入时（这将使材质发光），大于 1.0 的值会增加发光强度。

在 UE4 中考虑材质时，许多表达式的运作与各个颜色通道无关。例如，对于每个通道，"加法"（Add）节点使用两个输入并将它们相加。如果将两个 RGB 颜色（3 通道矢量值）相加，那么输出的颜色将是：红色 1+红色 2，绿色 1+绿色 2，蓝色 1+蓝色 2。如表 4-3-2 所示。

表 4-3-2

红色 1+ 红色 2 = 红色 3
绿色 1+ 绿色 2 = 绿色 3
蓝色 1+ 蓝色 2 = 蓝色 3

执行单通道操作的节点一般需要具有相同通道数目的输入。例如，可以将一个 RGB 颜色与另一个 RGB 颜色相加（Add），但不能将 RGBA（4 通道）颜色与 RGB（3 通道）颜色相加，这是因为 RGB 颜色没有阿尔法通道。这会产生错误，并导致材质无法编译。此规则有一个例外情况，即其中一个输入是单通道（标量）值。在这种情况下，该标量的值将直接应用于所有其他通道。例如：如果将 RGB 值（0.35，0.28，0.77）与标量值 1.0 相加，其结果将如表 4-3-3 所示。

表 4-3-3

0.35 + 1.0 = 1.35
0.28 + 1.0 = 1.28
0.77 + 1.0 = 1.77

19. 纹理

对于材质，纹理只是用于提供某种基于像素的数据的图像。这些数据可能是对象的颜色、光泽度、透明度及各种其他方面。有一种过时的想法认为，"添加纹理"是给游戏模型上色的过程。虽然创建纹理的过程仍然很关键，但应该将纹理看作材质的"元件"，而不是将它们本身视为最终成品。

一个单一材质有可能会用到几个不同的纹理贴图作为不同的目的效果，比如，一个简单的材质可能会有一个基础颜色的纹理贴图、一个高光纹理、一个法线贴图，除此以外，还有可能有保存在透明通道中的自发光贴图及粗造度贴图。

可以发现，虽然这些可能都同时存在于一个贴图的布局中，但纹理贴图中的不同的颜色被用于不同的目的。

纹理一旦创建并导入虚幻引擎，就会通过特殊的材质表达式节点（例如纹理取样（Texture Sample）节点）引入到材质中。这些节点引用纹理资产，该资产存在于材质外部，可以在内容浏览器中单独找到。与某些 3D 应用程序不同，材质无法包含它自己的纹理。

20. 材质属性

材质内的属性如图 4-3-12 所示。

基本材质节点具有多个属性，这些属性将影响材质的行为。这些属性说明如下（其中每个类别都有相应的文档小节，并按它们在属性（Properties）面板中的显示顺序排列）。

● Physical Material（物理材质）：物理材质提供物理属性的定义，例如碰撞时保留的能量（弹性）及其他基于物理的方面。物理材质不影响材质的视觉效果。如图 4-3-13 所示。

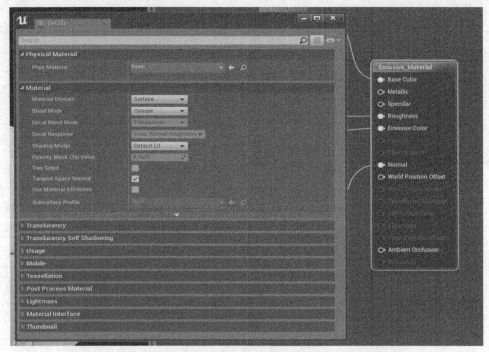

图 4-3-12

图 4-3-13

- Material（材质）: 如图 4-3-14 所示。

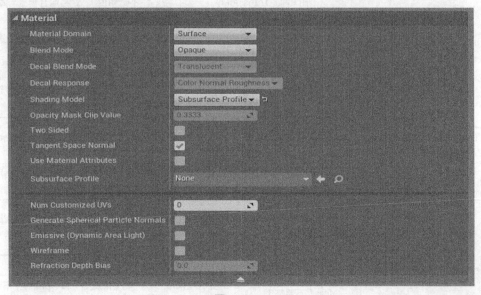

图 4-3-14

➢ Material Domain（材质域）属性如表 4-3-4 所示。

表 4-3-4

属性	说明
Material Domain（材质域）	此设置允许用户指定此材质的使用方式。特定材质用途（例如贴花）需要额外的指令以供渲染引擎加以考虑。因此，将材质指定为用于这些情况十分重要。Material Domain（材质域）包含下列选项：<table><tr><th>域</th><th>说明</th></tr><tr><td>Surface（表面）</td><td>此设置将材质定义为将要用于对象表面，例如金属、塑料、皮肤或任何物理表面。因此，在大部分情况下，用户将使用此设置</td></tr><tr><td>Deferred Decal（延迟贴花）</td><td>建立"贴花材质"时，用户将使用此设置</td></tr><tr><td>Light Function（光函数）</td><td>创建要与光函数配合使用的材质时，使用此设置</td></tr><tr><td>Post Process（后处理）</td><td>如果材质将用作后处理材质，那么使用此设置</td></tr></table>
Blend Mode（混合模式）	混合模式说明当前材质的输出如何与背景中已绘制的内容进行混合。更专业地说，混合模式允许用户控制引擎在渲染时，将此材质（来源颜色）与帧缓冲区中已有的内容（目标颜色）混合。可用的混合模式如下：<table><tr><th>模式</th><th>说明</th></tr><tr><td>BLEND_Opaque</td><td>最终颜色 = 来源颜色。这意味着材质将绘制在背景前面。这种混合模式与照明兼容</td></tr><tr><td>BLEND_Masked</td><td>如果 OpacityMask（不透明蒙版）>OpacityMaskClipValue（不透明蒙版削减值），则最终颜色为来源颜色，否则废弃像素。这种混合模式与照明兼容</td></tr><tr><td>BLEND_Translucent</td><td>最终颜色 = 来源颜色不透明度 + 目标颜色（1-不透明度）。这种混合模式与动态照明不兼容</td></tr><tr><td>BLEND_Additive</td><td>最终颜色 = 来源颜色 + 目标颜色。这种混合模式与动态照明不兼容</td></tr><tr><td>BLEND_Modulate</td><td>最终颜色 = 来源颜色×目标颜色。除非是贴花材质，否则这种混合模式与动态照明或雾不兼容</td></tr></table>
Decal Blend Mode（贴花混合模式）	定义贴花材质过程如何处理 GBuffer 通道。（仅当 MaterialDomain == MD_DeferredDecal 时才可用）
Decal Response（贴花反应）	定义材质如何对 DBuffer 贴花作出反应（影响外观、性能以及纹理/样本使用）。对于基本对象（例如静态网格），可禁用非 Dbuffer 贴花
Shading Model（明暗处理模型）	明暗处理模型确定材质输入（例如自发光、漫射、镜面反射和法线）如何进行组合以确定最终颜色。<table><tr><th>模型</th><th>说明</th></tr><tr><td>Unlit（不照亮）</td><td>此材质仅由 Emissive（自发光）和 Opacity（不透明）输入定义。它不会对光线作出反应</td></tr><tr><td>Default Lit（默认照亮）</td><td>默认明暗处理模型。适用于大部分实心对象</td></tr></table>

续表

属性	说明
Shading Model（明暗处理模型）	续表

模型	说明
Subsurface（次表面）	用于次表面散射材质，例如蜡和冰。激活 Subsurface Color（次表面颜色）后输入
Preintegrated Skin（预整合皮肤）	用于类似于人体皮肤的材质。激活 Subsurface Color（次表面颜色）后输入
透明涂层（Clear Coat）	用于表面具有半透明涂层的材质，例如透明涂层汽车喷漆或清漆。激活 Clear Coat（透明涂层）和 Clear Coat Roughness（透明涂层粗糙度）后输入
Subsurface Profile（次表面轮廓）	用于类似于人体皮肤的材质。要求使用次表面轮廓才能正确工作

属性	说明
Opacity Mask Clip Value（不透明蒙版剪辑值）	这是一个参考值，被屏蔽材质的 OpacityMask（不透明蒙版）输入将根据此值按像素进行剪辑。任何大于 OpacityMaskClipValue（不透明蒙版剪辑值）的值都将通过，像素将绘制（不透明），而任何小于它的值都将失败，像素将被废弃（透明）
Two Sided（双面）	法线将在背面翻转，这意味着将同时针对正面和反面来计算光线。这通常用于植物叶子，以避免必须加倍使用多边形。Two Sided（双面）无法正确地与静态光线配合使用，因为网格仍然仅将单个 UV 集用于光线贴图。因此，使用静态光线的双面材质的两面将以相同方式处理明暗
Tangent Space Normal（切线空间法线）	切线空间法线从对象表面开始计算。其中，Z 轴（蓝色）始终从表面垂直指向外部。全局空间法线使用全局坐标系统来计算像素角度，从而忽略表面的原始方向。就性能而言，切线空间计算的成本略高，但通常更加方便，这是因为此类贴图通常是可以在 Photoshop 之类的 2D 应用程序中创建的法线贴图类型。在视觉上，切线空间法线贴图看起来主要呈蓝色，而全局空间贴图具有生动的彩虹色
Decal Blend Mode（贴花混合模式）	正如名称所指，这是将 Material Domain（材质域）属性设置为 Deferred Decal（延迟贴花）时使用的混合模式，并且直到相应地设置材质域之后才可更改。它包含与那些可用于表面的混合模式不同的混合模式

模式	说明
Translucent（半透）	这将导致贴花混合底色、金属色、镜面反射、粗糙度、自发光颜色、不透明度和法线。使用此模式，可混合完全分隔的材质，例如波纹起伏的水坑，及其周围基于法线贴图的烂泥构造
Stain（斑点）	仅混合底色和不透明度。适用于仅更改颜色的贴花，例如墙上干燥的喷漆
Normal（法线）	仅混合法线和不透明度。这适合于在表面上添加裂缝
Emissive（自发光）	仅混合自发光和不透明度通道。适合于让原先不发光的对象发光

属性	说明
Use Material Attributes（使用材质属性）	此复选框将导致材质的主节点压缩成标签为 Material Attributes（材质属性）的单个输入。当用户需要使用分层材质来混入多个材质，或者在使用 Make Material Attributes（建立材质属性）表达式节点来定义多种材质类型时，这非常有用。有关更多信息，请参阅"分层材质"文档

续表

属性	说明
Subsurface Profile（次表面轮廓）	这将允许用户更改材质中使用的次表面轮廓
Num Customized UVs（定制 UV 数目）	设置要显示的定制 UV 输入的数目。未连接的定制 UV 输入将直接通过顶点 UV 来传递
Generate Spherical Particle Normal's（生成球形粒子法线）	生成表面法线，当用户环境使用此材质的粒子系统旋转时，这些法线将保持球形。这对于体积粒子系统非常有用，因为单独粒子始终会进行旋转以面向摄像机。使用此选项时，它们将具有更似球形的体积外观
Emissive（Dynamic Area Light）（自发光（动态区域光线））	启用此属性，材质的自发光颜色将注入到光线传播体积
Wire Frame（线框）	启用材质所应用的网格的线框视图
Refraction Bias（折射偏差）	此属性使折射测试的深度产生偏移。这在折射值导致邻近对象（通常是位于半透明对象之前的对象）意外渲染到材质表面这种不良效果时特别有用。较大的值将开始分隔折射，但是，这会导致表面与折射的对象之间出现明显的分离。直到用户将某个表达式节点连接到 Refraction（折射）输入之后，此属性才会启用

- Translucency（半透明）

指示材质应该在单独的半透明过程中进行渲染（这表示不受 DOF 影响，并且还要求在.INI 文件中设置 Separate Translucency），如图 4-3-15 和表 4-3-5 所示。

图 4-3-15

表 4-3-5

属性	说明		
Separate Translucency（单独半透明）	指示材质应该在单独的半透明过程中进行渲染这表示不受 DOF 影响，并且还要求在.INI 文件中设置 SeparateTranslucency（区分半透明渲染）		
Responsive AA（回应性 AA）	较小的移动对象（尤其是粒子）有时会因为抗锯齿而变得模糊不清；通过将此属性设置为 true，可使用另一种 AA 算法，该算法将提供更高的清晰度。换言之，如果用户创建暴风雪或类似的粒子系统，并且感觉无法真正看到雪花，开启此属性，将有所帮助。但是，此属性应该仅用于较小的移动对象，因为会在背景产生锯齿失真		
Translucency Lighting Mode（半透明照明模式）	这允许控制此材质内的不透明度所使用的照明模式。这特别适用于使用了不透明度的粒子系统，例如自身产生阴影的烟雾或蒸汽。		
	模式	说明	
	LM_VolumetricNon Directional（TTLM_体积非方向性）	将计算体积的照明，而不具有方向性。请将此模式用于烟雾和灰尘等粒子效果。这是成本最低的照明方法，但是不考虑材质法线	
	TLM_VolumetricDirectional（TLM_体积方向性）	将计算体积的照明，具有方向性，因此对材质的法线加以考虑。请注意，默认的粒子切线空间面向摄像机，因此请勾选 GenerateSpherical ParticleNormals 以获取更有用的切线空间	
	TLM_Surface（TLM_表面）	将计算表面的照明。请将此模式用于玻璃和水之类的半透明表面	

续表

属性	说明
Translucency Directional Lighting Intensity（半透明方向性照明强度）	用于人为增加法线对半透明照明结果的影响。大于 1 的值将增加法线的影响，而小于 1 的值将使照明更加环境化
Disable Depth Test（禁用深度测试）	允许材质禁用深度测试，这仅在半透明混合模式下有意义。禁用深度测试将显著减慢渲染速度，这是因为没有任何被遮挡的像素可进行剔除
Use Translucency Vertex Fog（使用半透明顶点雾）	设置为 true 时，半透明材质将被雾笼罩。默认值为 true

- Translucency Self Shadowing（半透明自身阴影）

半透明自身阴影是一种以体积方式照亮半透明对象（例如烟雾或蒸汽柱）的好方法。自身阴影分为两个主要部分：自身阴影密度和第二自身阴影密度。分为两个部分是为了支持各种变化。用户可以独立定义每个部分的密度，并运用两者之间的差别在整个自身阴影内产生有趣的模式。如图 4-3-16、图 4-3-17 和表 4-3-6 所示。

图 4-3-16

图 4-3-17

表 4-3-6

属性	说明
Translucent Shadow Density Scale（半透明阴影密度比例）	设置此半透明材质投射到其他表面上的阴影密度。如果将值设置为 0，则不会产生任何阴影。当将值增大到 1 甚至更大的值时，投射阴影和自身阴影都会变暗
Translucent Self Shadow Density Scale（半透明自身阴影密度比例）	设置此材质投射到自身上的阴影密度。请考虑烟雾柱内的阴影
Translucent Self Shadow Second Density Scale（半透明自身阴影第二密度比例）	这是可以设置的第二自身阴影密度，用于产生变化。在此值与 Translucent Self Shadow Density Scale（半透明自身阴影密度比例）之间，将创建内部梯度
Translucent Self Shadow Second Opacity（半透明自身阴影第二不透明度）	设置第二自身阴影的不透明度值，用来调整自身阴影与第二自身阴影之间的梯度效果

续表

属性	说明
Translucent Backscattering Exponent（半透明反向散射指数）	控制将此表面明暗处理模型与半透明度配合使用时使用的反向散射。较大的值将产生较小但较亮的反向散射高光。只有在定向光所形成的体积半透明阴影内，才会使用这个值
Translucent Multiple Scattering Extinction（半透明多重散射消光）	对于具有体积半透明阴影的对象（例如烟雾或蒸汽），提供彩色的消光值——相当于阴影颜色
Translucent Shadow Start Offset（半透明阴影开始偏移）	这是在半透明体积内创建的自身阴影的全局空间偏移。数值越大，阴影就越远离光源

- Usage（用途）

Usage（用途）标志用来控制材质所用于的对象类型。编译材质时，这些设置允许引擎为每个应用程序编译特殊版本。仅当使用 Surface Material Domain（次表面材质域）设置时，这些设置才有效。

在编辑器中，对于任何已存在于贴图内的对象，将自动设置这些标志。例如，如果粒子系统使用放在关卡内某处的材质，那么在编辑器中加载该贴图时，它将自动设置 Used with Particle System（与粒子系统配合使用）标志。需要保存材质资产，游戏才能在该特定网格上使用该材质。如表 4-3-7 所示。

表 4-3-7

属性	说明
Used With Skeletal Mesh（与骨骼网格配合使用）	如果材质将放在静态网格上，请设置此属性
Used With Editor Compositing（与编辑器编写配合使用）	如果材质将在编辑器 UI 中使用，请设置此属性
Used With Landscape（与景观配合使用）	如果材质将在景观表面上使用，请设置此属性
Used With Particle Sprites（与粒子精灵配合使用）	如果材质将放在粒子系统上，请使用此属性
Used With Beam Trails（与光束轨迹配合使用）	如果材质将与光束轨迹配合使用，请设置此属性
Used With Mesh Particles（与网格粒子配合使用）	指示材质及其实例可以与网格粒子配合使用。这将产生支持编译网格粒子所需的着色器，从而增加着色器编译时间和内存用量
Used With Static Lighting（与静态照明配合使用）	如果考虑将材质用于静态照明，如果材质使用了可能影响照明的自发光效果，请设置此属性
Used With Fluid Surfaces（与液体表面配合使用）	在虚幻引擎 4 中，不再支持液体表面。此选项很快将会移除
Used With Morph Targets（与变形目标配合使用）	如果材质将应用于利用了变形目标的骨骼网格，请设置此属性
Used With Spline Meshes（与样条网格配合使用）	如果材质将应用于景观样条网格，请设置此属性
Used With Instanced Static Meshes（与实例化静态网格配合使用）	如果材质将应用于实例化静态网格，请设置此属性
Used With Distortion（与扭曲配合使用）	不再支持扭曲（现在使用"折射"），此选项很快将会移除
Used With Clothing（与衣服配合使用）	如果材质将应用于 Apex 以物理方式模拟的衣服，那么应设置此属性
Used With UI（与 UI 配合使用）	此属性指示材质及任何材质实例可以与 Slate UI 和 UMG 配合使用
Automatically Set Usage In Editor（在编辑器中自动设置用途）	根据材质的应用对象在编辑器中自动设置用途标志。此属性的默认选项是已启用

● Mobile（移动）：如图 4-3-18 和表 4-3-8 所示。

图 4-3-18

表 4-3-8

属性	说明
Fully Rough（完全粗糙）	强制使材质完全粗糙，这可以节省大量着色器指令和一个纹理样本
Use Lightmap Directionality （使用光照贴图方向性）	这将使用光照贴图方向性以及按像素的法线。如果不勾选，那么来自光照贴图的光线将不具有方向，但成本较低

● Tessellation（铺嵌）：铺嵌功能允许在运行时向网格添加更多物理细节。如图 4-3-19 和表 4-3-9 所示。

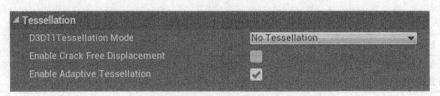

图 4-3-19

表 4-3-9

属性	说明		
Tessellation Mode（铺嵌模式）	控制材质将要使用的铺嵌类型（如果有的话）		
	模式	说明	
	No Tessellation（无铺嵌）	网格不铺嵌	
	Flat Tessellation（扁平铺嵌）	简单形式的铺嵌。这将增加更多三角形，而不使网格平滑	
	PN Triangles（PN 三角形）	利用基于样条的简单铺嵌，这样做的成本较高，但细节更好	
Enable Crack Free Displacement（启用无裂缝移位）	启用一个移位算法，该算法可修正网格中可能出现的任何裂缝。但是，此操作的成本较高，因此如果移位时看不到任何裂缝，请将此属性设置为 False		
Enable Adaptive Tessellation（启用自适应铺嵌）	此铺嵌方法将尝试为每个三角形维护相同数目的像素		

● Post Process Material（后处理材质）：如图 4-3-20 和表 4-3-10 所示。

图 4-3-20

表 4-3-10

属性	说明
Blendable Location（可混合位置）	如果此材质要用作后处理材质，那么此属性允许用户控制是在色调贴图之前还是之后计算此材质。如果材质将用来修改后处理过程的颜色，那么这非常重要
Blendable Priority（可混合优先级）	这是一个优先级值，用于任何其他可应用于后处理过程的材质

- Lightmass（灯光质量）：如图 4-3-21 和表 4-3-11 所示。

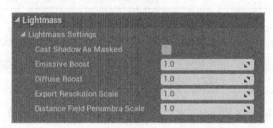

图 4-3-21

表 4-3-11

属性	说明
Cast Shadow As Masked（以遮掩方式投射阴影）	如果设置为 true，那么照亮的半透明对象将投射阴影，就像它们使用了"遮掩"照明模式一样。这有助于使半透明对象的阴影更加清晰
Diffuse Boost（漫射提升）	材质的漫射成分对静态照明的影响量乘数
Export Resolution Scale（导出分辨率比例）	导出此材质的属性时采用的分辨率乘数。需要细节时，应该增大此值

- Material Interface（材质接口）：如图 4-3-22 所示。
- ➤ Preview Mesh（预览网格）：设置一个静态网格，用于在 Preview（预览）窗格中预览材质。

图 4-3-22

- Thumbnail（缩略图）：如图 4-3-23 和表 4-3-12 所示。

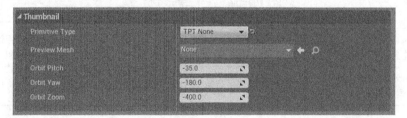

图 4-3-23

表 4-3-12

属性	说明
Primitive Type（基本类型）	设置缩略图预览中使用的基本形状类型
Preview Mesh（预览网格）	设置缩略图预览中使用的网格。仅当 Primitive Type（基本类型）设置为 TPT None（TPT 无）时，此属性才有效

属性	说明
Orbit Pitch（轨道俯仰角）	设置摄像机围绕对象的轨道的俯仰角
Orbit Yaw（轨道偏航角）	设置摄像机围绕对象的轨道的偏航角
Orbit Zoom（轨道缩放）	相对于资产的界限球体距离的偏移

21.　输入和材质设置

对于创建的某些类型的材质来说，有些输入是不起作用的。比如，在开发光照功能时，有一个被应用到光照上的材质，用户仅能对该材质使用 Emissive Color（自发光颜色），其他输入均不可用，因为其他的输入（如金属色或粗糙度），均不适用于该材质。基于这个原因，用户要弄清楚自己正在创建的是哪种类型的材质。3个产生主要影响的属性如下。

（1）Blend Mode（混合模式）：该模式控制了材质如何混合进材质后方的像素。

（2）Shading Model（着色模型）：它定义了材质表面的光照是如何进行计算的。

（3）Material Domain（材质域）：该属性控制了该材质的使用场合，例如，该材质是否会成为表面光照函数或后期处理材质的一部分。

幸运的是，虚幻引擎 4 使得用户面对给定类型的材质时，不必猜测哪些输入可用。当变更材质中的设置时，可用输入将会更新，而不需要的输入将会被禁用。

22.　底色

Base Color（底色）无非定义材质的整体颜色。它接收 Vector3（RGB）值，并且每个通道都自动限制在 0~1。

如果是从现实世界获得的，那么如图 4-3-24 所示是使用偏振滤光器拍摄时获得的颜色（偏振在校准时会消除非金属材质的镜面反射）。

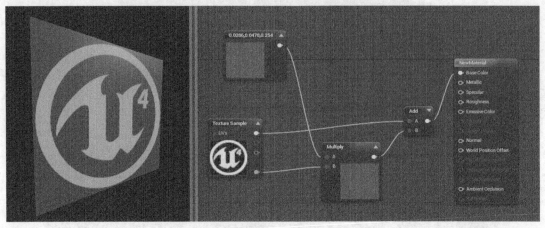

图 4-3-24

23.　金属色

Metallic（金属色）输入实际控制表面在多大程度上"像金属"。非金属的金属色值为 0，金属的金属色值为 1。对于纯表面，例如纯金属、纯石头、纯塑料等，此值将是 0 或 1，而不是任何介于它们之间的值。创建受腐蚀、落满灰尘或生锈金属之类的混合表面时，需要介于 0 与 1 之间的值。如图 4-3-25 所示。

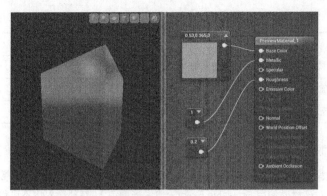

图 4-3-25

24. 高光

Specular（高光）在大多数情况下，保留为默认值 0.5。

值介于 0 与 1 之间，用于调整非金属表面上的当前镜面反射量，在金属上没有效果。如图 4-3-26 所示。

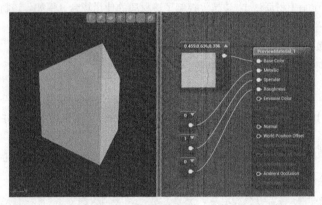

图 4-3-26

25. 粗糙度

Roughness（粗糙度）输入实际控制材质的粗糙度。与平滑的材质相比，粗糙的材质将向更多方向散射所反射的光线。用户可根据反射的模糊或清晰度或者镜面反射高光的广度或密集度加以确定。粗糙度 0（平滑）是镜面反射，而粗糙度 1（粗糙）是完全无光泽或漫射。

粗糙度是一个属性，它将频繁地在对象上进行贴图，以便向表面添加大部分物理变化。如图 4-3-27 所示。

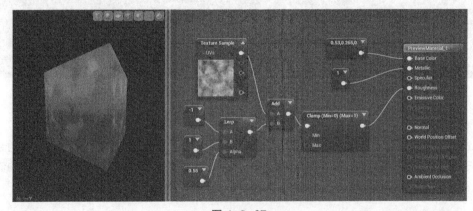

图 4-3-27

26．自发光颜色

因为自发光颜色输入发光，所以其可控制材质的哪一部分发光。理想状态下，可使用蒙板贴图（除需要发光的区域外，大部分均为黑色）。支持将大于 1 的值作为 HDR 光照。如图 4-3-28 所示。

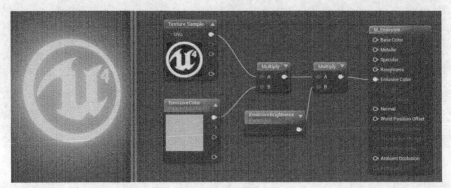

图 4-3-28

27．透明度

透明度输入在使用半透明混合模式时使用。它允许输入一个 0 和 1 之间的值：0.0 代表完全透明，1.0 代表完全不透明。

在使用次表面着色模型之一时，不透明和蒙板混合模式同时使用不透明度。

透明度主要适用于半透明、添加型以及调制材质。如图 4-3-29 所示。

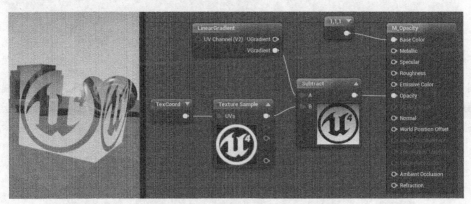

图 4-3-29

28．透明度蒙板

Opacity Mask（透明度蒙板）与透明度类似，但仅在使用蒙板混合模式时可用。和透明度一致的地方是，一般输入的值在 0.0 和 1.0 之间，但不同于透明度，不同色调的灰色无法在结果中观察到。在蒙板模式下，材质要么完全可见，要么完全不可见。当需要如铁丝网、铁丝网围栏及其他定义了复杂固态表面的材质时，此蒙板是最佳的解决方案。不透明的部分将仍遵从光照。

可以使用基础材质节点的 Opacity Mask Clip Value（透明度蒙板剪辑值）来控制剪辑发生处的截断点。如图 4-3-30 所示。

29．法线

Normal（法线）输入会采用法线贴图，这是通过打乱每个单独像素的"法线"或其朝向以对表面提供惊人的物理细节。如图 4-3-31 所示。

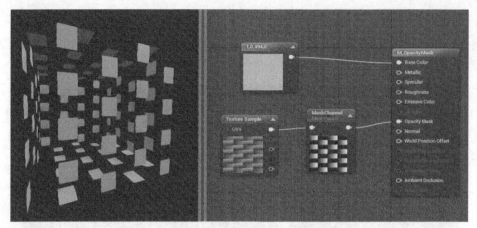

图 4-3-30

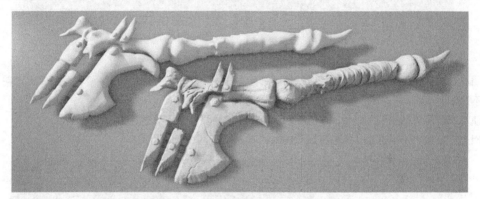

图 4-3-31

如图 4-3-32 所示，两把武器使用的是同样的静态网格物体。下方那把武器拥有高度细节的法线贴图，它提供了海量的额外细节，使观看者误以为表面包含了大量的多边形，而实际进行渲染的数量要远小于此值。这样的法线贴图往往是通过高分辨率模型包来进行创建的，例如 Pixologic ZBrush。如图 4-3-32 所示。

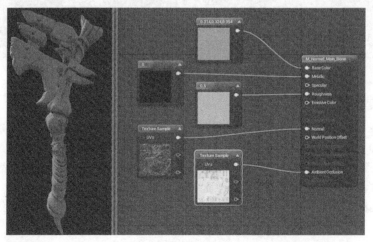

图 4-3-32

30. 世界位置偏移

World Position Offset（世界位置偏移）输入使得网格物体的顶点可由材质在世界空间内进行控制。这对于使目标移动、改变形状、旋转以及一系列其他特效来说都很有用。它对于环境动画而言也很好用。如图 4-3-33 所示。

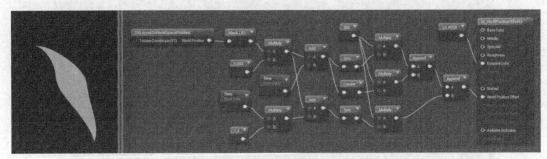

图 4-3-33

31. 世界位移以及多边形细分乘数

World Displacement（世界位移）的运行原理和 World Position Offset（世界位置偏移）非常相似，但它使用的是多边形细分顶点而不是网格物体基础顶点。为启用该项，材质的 Tessellation（多边形细分）属性必须被设置为除 None（无）外的任意值。

Tessellation Multiplier（多边形细分乘数）控制沿表面方向的多边形细分数量，使得在需要时能添加更多的细节。为能在 World Displacement（世界位移）中启用该项，材质的 Tessellation（多边形细分）属性必须被设置为除 None（无）外的任意值。如图 4-3-34 所示。

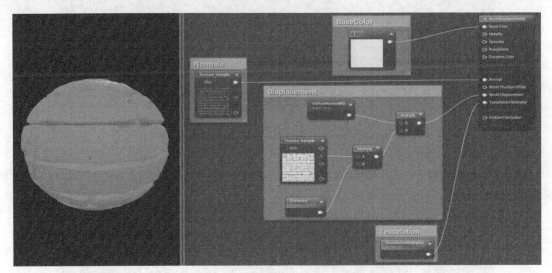

图 4-3-34

32. 次表面颜色

Subsurface Color（次表面颜色）输入仅在着色模型属性被设置为 Subsurface（次表面）时才可被启用。该输入可以模拟在光照穿过表面时的颜色转换。例如，人类角色的皮肤上可能会有红色的次表面颜色，以模拟其皮肤下的血液流动。如图 4-3-35 所示。

33. 环境遮挡

环境遮挡主要用来模拟表面缝隙中发生的自投阴影。一般来说，这种输入会与某些类型的环境遮挡贴图进行连接，而这些贴图常常是在 3D 模型包内创建的，如 Maya、3ds Max 或 ZBrush。如图 4-3-36 所示。

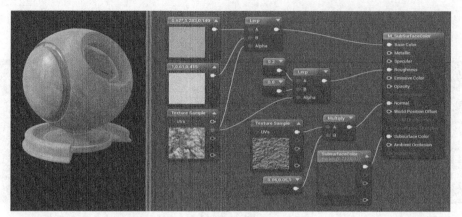

图 4-3-35

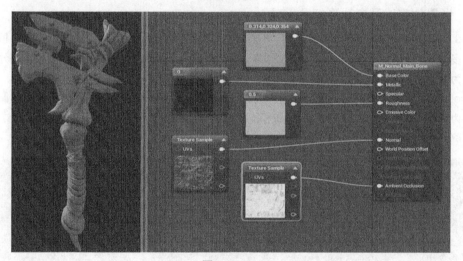

图 4-3-36

34. 折射

折射输入会采用模拟表面折射率的贴图或值。这对于玻璃表面和水面很有帮助，这些表面会对穿过它们的光线进行折射。如图 4-3-37 和表 4-3-13 所示。

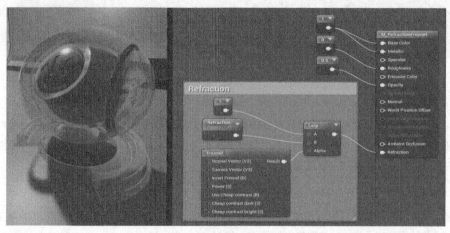

图 4-3-37

表 4-3-13

介质	折射率
空气	1.00
水面	1.33
冰面	1.31
玻璃表面	1.52
钻石表面	2.42

35. 透明图层

透明图层着色模型用于更好地模拟在材质表面具有薄半透明膜的多层材质。除此之外，透明图层着色模型也可以用于金属或非金属表面。实际上，它是专门用于对无颜色金属的二级平滑颜色膜进行建模的。如图 4-3-38 所示。

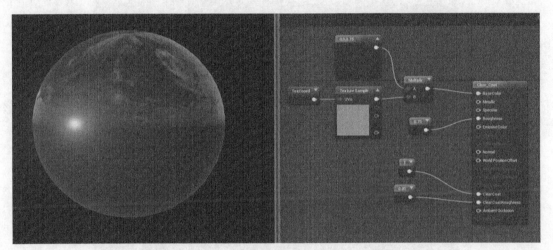

图 4-3-38

开户透明材质属性，会在母球的基本属性上激活两个新的输入接口，Opacity（不透明）和 Opacitymask（不透明蒙板）。

透明图层：透明图层的数量，0 为标准着色模型，1 为完整透明图层模型。这对蒙板很有用。

透明图层粗糙度：透明图层的粗糙度。取值较小时，现实效果更准确。支持非常粗糙的透明图层，但相比真实世界中的内容，这并不准确。

36. 将材质应用于表面

应用材质的方式随表面类型不同而有所不同。

37. 网格体

对网格体（静态、动态或骨骼）应用材质有许多种不同方法。用户可以直接使用网格属性中的材质元素槽。在关卡中选中网格时，可以在 Details（细节）面板中找到这些槽，也可以通过右键单击网格并从快捷菜单中选择 Properties（属性）找到这些槽。用户也可以在各种编辑器（例如静态网格编辑器或者人物骨骼网格编辑器）中找到这些槽。

（1）选择要应用材质的网格。如图 4-3-39 所示。

（2）在 Details（细节）面板中，单击材质元素下拉菜单的箭头。显示项目中所有的可用材质（也可以使用搜索栏进行搜索）。如图 4-3-40 所示。

图 4-3-39

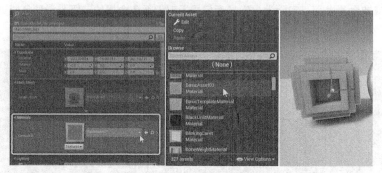

图 4-3-40

或者，在内容浏览器中选择所需材质，然后单击箭头按钮应用该材质。如图 4-3-41 所示。

图 4-3-41

38. 刷表面

将材质应用于刷表面的过程非常简单。具体操作步骤如下。

（1）在内容浏览器中选中一个材质。如图 4-3-42 所示。

（2）单击要将该材质指派到的刷表面。如图 4-3-43 所示。

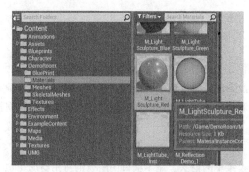

图 4-3-42

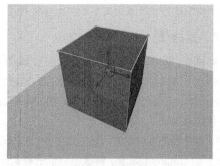

图 4-3-43

（3）在 Details（细节）面板中，单击 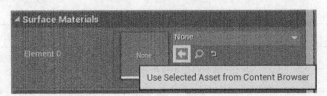 按钮，将该材质应用于刷表面。如图 4-3-44 所示。

图 4-3-44

4.3.2　基于物理的材质

"基于物理"有何含义？

基于物理的明暗处理意味着估算光线的实际情况，而不是估算我们凭直觉认为它应该发生的情况。最终结果是，这样可产生更准确并且更加自然的外观。基于物理的材质在所有照明环境中都可以同样完美地工作。另外，材质值可以不那么复杂，相互依赖也可以少一些，从而产生更加直观的界面。这些益处甚至适用于非逼真渲染，读者可在皮克斯和迪士尼的最新电影中找到证明。如图 4-3-45 所示。

由于这些原因及其他原因，虚幻引擎 4 已采用基于物理的新材质和明暗处理模型。

图 4-3-45

在材质系统的"基于物理"方面，有 4 个需要熟悉的不同属性。它们是：Base Color（底色）、Roughness（粗糙度）、Metallic（金属色）、Specular（高光）。

所有这些输入都设计成接收介于 0～1 的值。

对于非金属材质测得的底色值（仅限强度）如表 4-3-14 所示。

表 4-3-14

材质	底色强度
木炭	0.02
新鲜沥青	0.02
老化沥青	0.08
裸露土壤	0.13
绿色草地	0.21
沙漠沙子	0.36
新鲜混凝土	0.51
海冰	0.56
新鲜雪	0.81

针对金属测得的底色如表 4-3-15 所示。

表 4-3-15

材质	底色（R，G，B）
铁	（0.560，0.570，0.580）
银	（0.972，0.960，0.915）
铝	（0.913，0.921，0.925）
金	（1.000，0.766，0.336）
铜	（0.955，0.637，0.538）
铬	（0.550，0.556，0.554）
镍	（0.660，0.609，0.526）
钛	（0.542，0.497，0.449）
钴	（0.662，0.655，0.634）
铂	（0.672，0.637，0.585）

4.3.3　实例制作——地面与植物材质球

利用 Color（颜色贴图）、Height（高度贴图）、RMA（混合贴图）、Normal（法线贴图）这 4 张 Map 贴图资源创建一个基本的母材质，并最终将其制作成一个基础雪地材质。如图 4-3-46 所示。

具体操作步骤如下。

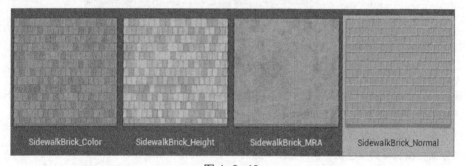

图 4-3-46

（1）在指定的 contact（大纲）目录下创建一个 Material（母材质），并自主命名。如图 4-3-47 所示。

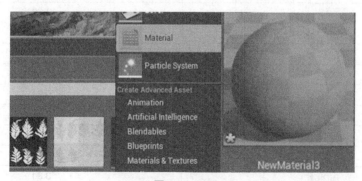

图 4-3-47

（2）导入准备好的贴图，将相应的属性连接到对应的接口上。如图 4-3-48 所示。

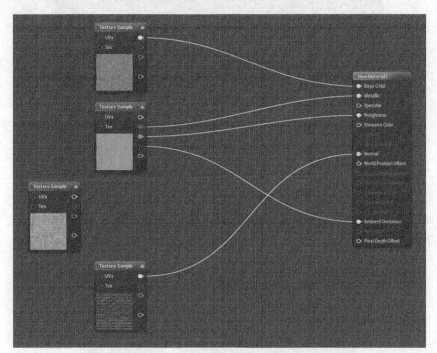

图 4-3-48

（3）保存并将材质球赋予给地面模型。

可以看出，所制作的砖地与用来参考的植物和石块相比显得很小，这是因为地面重复率太大了。下面要在 UE4 的材质模块中制作可调整重复率的选项。如图 4-3-49 所示。

图 4-3-49

（4）在材质蓝图的空白处单击右键，索引 "1-" 导入 OneMinus（1 减）节点。如图 4-3-50 所示。

（5）索引 textureobject（贴图对象）导入 textureobject（贴图对象）节点。如图 4-3-51 所示。

（6）加载 SidewalkBrick_Height。如图 4-3-52 所示。

按住 M 键在材质蓝图中单击鼠标左键导入 Multiply 节点。如图 4-3-53 所示。

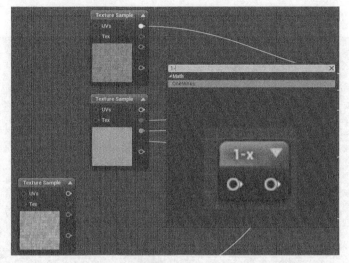

图 4-3-50

图 4-3-51

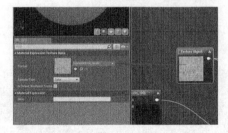

图 4-3-52

图 4-3-53

（7）逐步按照图示连接节点。如图 4-3-54 所示。

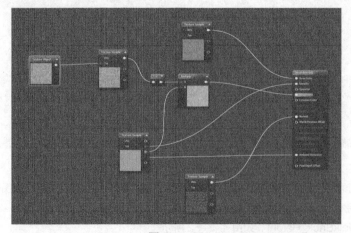

图 4-3-54

（8）一个基础的地面材质完成了，保存并将其应用到地面上。如图 4-3-55 所示。

（9）制作如图 4-3-56 所示雪地效果。

图 4-3-55　　　　　　　　　　　　　　图 4-3-56

（10）利用索引功能找到并加载 ParallaxOcclusionMapping（视差遮蔽贴图）。如图 4-3-57 所示。

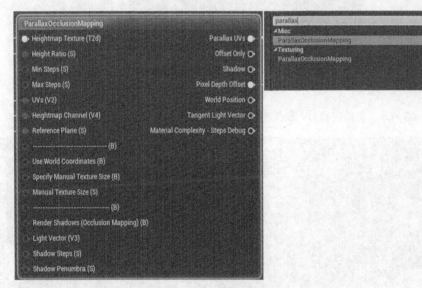

图 4-3-57

（11）按住 U 键左键单击创建 TexCoord（纹理坐标）节点。如图 4-3-58 所示。

（12）按住 M 键左键单击创建 Multiply（乘法）节点。如图 4-3-59 所示。

图 4-3-58　　　　　　　　图 4-3-59

（13）按住数字 1 键单击创建一个常量节点。如图 4-3-60 所示。

（14）右键单击这个节点，选择 Convert to Parameter（转换参数）将其转换成一个变量节点。如图 4-3-61 所示。

（15）选择这个节点，在左侧属性中将其重命名为 Texture Size（贴图尺寸），将 Default Value（默认值）值设置为 1。如图 4-3-62 所示。

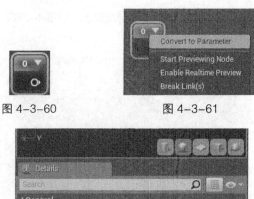

图 4-3-60   图 4-3-61

图 4-3-62

（16）如图 4-3-63 所示，将相应的 UV 节点进行连接。

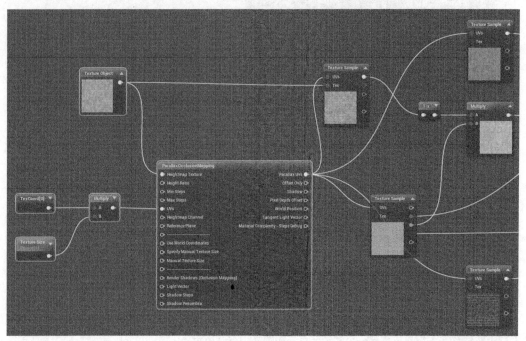

图 4-3-63

（17）如图 4-3-64 所示，将 Texture Object（纹理对象）连接到 ParallaxOcclusionMapping（视差遮蔽贴图）的 Heightmap Texture（高度贴图纹理）上，以确保 ParallaxOcclusionMapping（视差遮蔽贴图）能识别到 Height Map（高度贴图）资源，否则会报错。

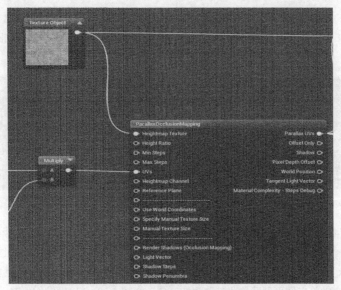

图 4-3-64

（18）在母材质上右击 Create Material Instance（创建材质实例），创建一个有_inst 后缀的实例材质，并将其赋予地面。如图 4-3-65 所示。

图 4-3-65

（19）双击打开实例材质球，在 Scalar Parameter Values（标量参数值）中勾选 Textuer Size（贴图尺寸）修改地面的重复度。如图 4-3-66 所示。

（20）下面来增加高度效果。

按住数字 1 键，左键单击创建一个常量节点，在右键菜单选择 Convert to Parameter（转换参数）将其转化为一个变量，默认值为 0，并将其命名为 Height Ratio（高度比率）。如图 4-3-67 所示。

图 4-3-66

图 4-3-67

（21）按住 D 键，左键单击创建一个 Divide（除法）节点并将 B 属性默认值为设置 100。

按照如图 4-3-68 所示的方法将其链接到 ParallaxOcclusionMapping（视差遮蔽贴图）的 Height Ratio（高度比率）上。

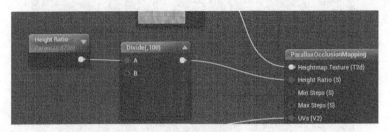

图 4-3-68

（22）创建一个 V4 的 4 通道信息节点，激活 ParallaxOcclusionMapping（视差遮蔽贴图）的 Height Ratio（高度比率）上的 Heightmap Channel（高度贴图通道）节点。这样就可以通过 Height Ratio（高度比率）属性利用 SidewalkBrick_Height 这张贴图的黑白信息，从视觉上来控制实例材质地面的视觉高度差异。按住键盘数字 4 键，再加鼠标左键单击便可创建并将其改为纯红色。如图 4-3-69～图 4-3-71 所示。

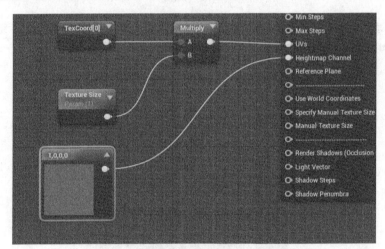

图 4-3-69

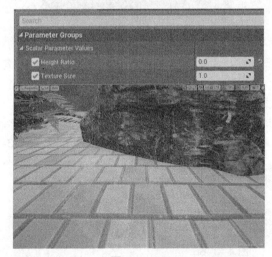

图 4-3-70

图 4-3-71

（23）后者有可能会引起一定的地面整体高度的上升或下陷，可以通过在 ParallaxOcclusionMapping 的 Refrence Plane 上添加一个变量来调节地面视差的整体高度。如图 4-3-72 所示。

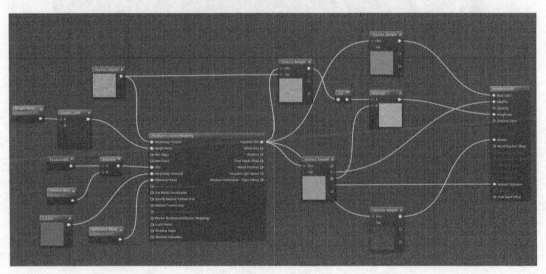

图 4-3-72

（24）着手制作雪地的变化效果。通过索引 VertexColor 来添加一个 VertexColor 节点。如图 4-3-73 所示。

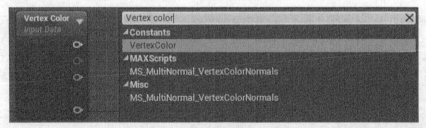

图 4-3-73

（25）按住 M 键，左键单击生成出来的 Multiply，将其 VertexColor 和 SidewalkBrick_Color 的 Texture Sample 进行连接。如图 4-3-74 所示。

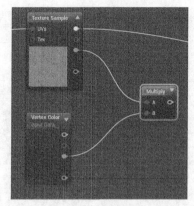

图 4-3-74

（26）创建两个常量节点，把其中一个转化为变量节点并重命名为 Snow Amount，将另一个的默认值设定为 10，再创建一个 Multiply 节点将其连接，如图 4-3-75 所示。

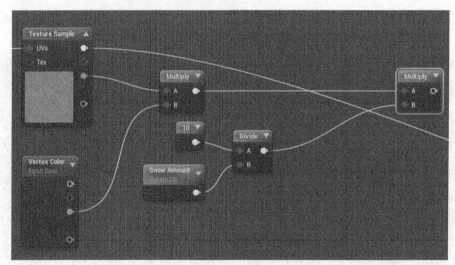

图 4-3-75

（27）将变量数值 Snow Amount 的可控区间扩大，尽可能进行更细致的控制，不要让它的参数变得过于灵敏。

（28）因为数值增加目的是增加积雪的量，所以增加如 1-x 的节点来反向控制通道的明度并连接 Vertex color 的绿通道，将其和当期结果用 Add 的模式叠加，增加它堆积的面积。如图 4-3-76 所示。

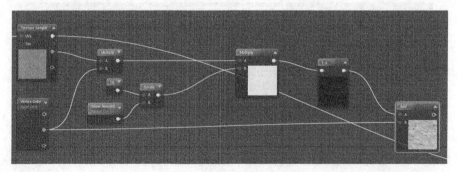

图 4-3-76

（29）通过索引一个 Clamp 的节点并连接，来限制输出的通道信息，最小值为 0，最大值为 1。

接着索引一个 Lerp 节点，其类似于在一个 Multiply 节点上为 B 属性添加了一个黑白通道（快捷键是按住 L 键，左键单击）。并添加一个常量节点，定值为 1。如图 4-3-77 所示。

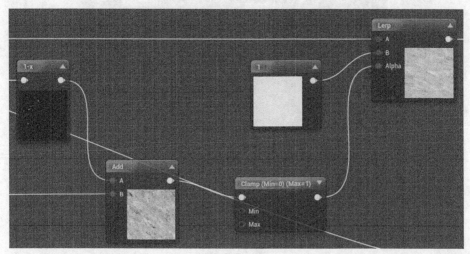

图 4-3-77

（30）考虑到雪在最初接触到地面时会融化并最终变成水渗透进地面，所以可以添加一个 Power 节点，来同时增加最终表面 Color 的对比度，并将输出结果连接到母球的 Base Color 上。如图 4-3-78 所示。

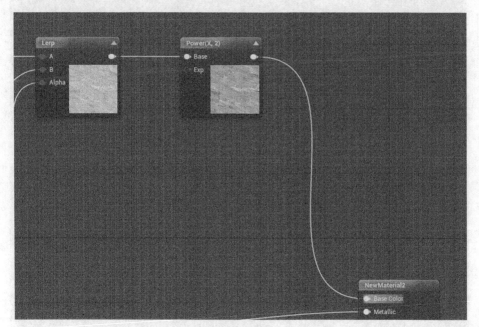

图 4-3-78

（31）利用雪的节点为 SidewalkBrick_MRA 里绿通道的 Multiply 属性添加雪的粗糙度。如图 4-3-79 所示。

（32）还可以做一套和贴图属性相关的节点，其重点是针对发现贴图，将雪覆盖，同时模拟积雪填充地面凹槽的效果，使用的节点很简单就不过多赘述了。如图 4-3-80 所示。

（33）如图 4-3-81 所示是整体雪地材质的制作截图。

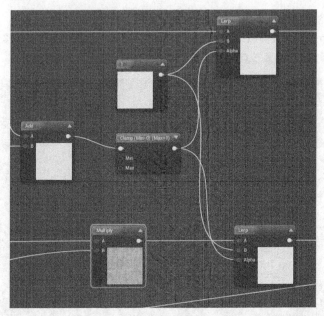

图 4-3-79

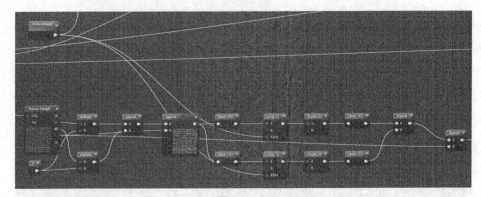

图 4-3-80

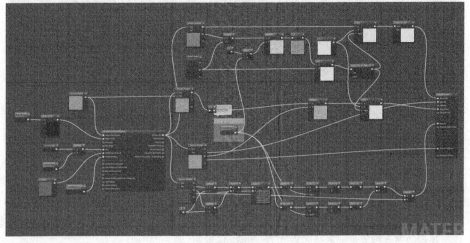

图 4-3-81

（34）通过对 Snow Amount 属性的调整，完成对地面积雪程度的调整。

如图 4-3-82～图 4-3-85 所示。

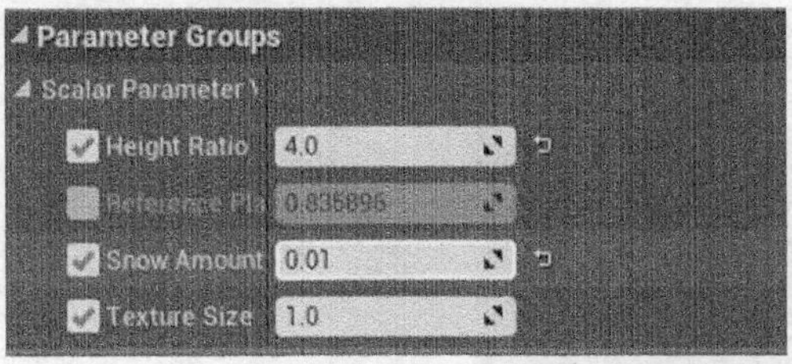

图 4-3-82 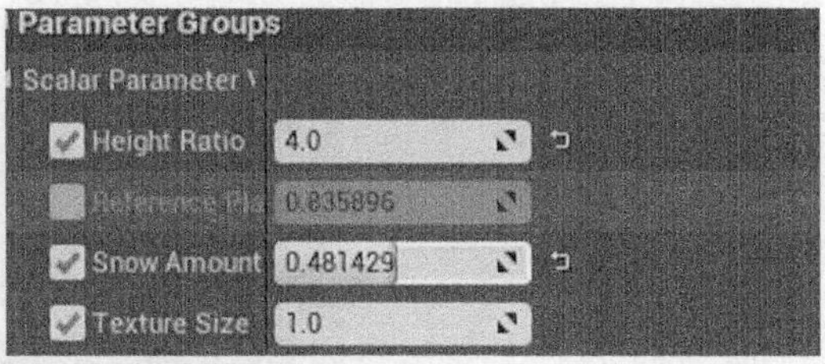　　　　　　　　　　　图 4-3-83

图 4-3-84

图 4-3-85

（35）下面着手制作一个织物材质球。首先要准备好相应的模型和贴图。

模型：Fern_Var1_LOD0

贴图：ForestFern_4K_Albedo、ForestFern_4K_Normal、ForestFern_4K_Opacity、ForestFern_4K_Roughness、ForestFern_4K_Translucent。如图 4-3-86 所示。

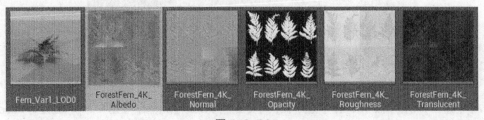

图 4-3-86

创建相应母材质和实例材质。如图 4-3-87 所示。将贴图拖入到母材质蓝图中，如图 4-3-88 所示。

图 4-3-87

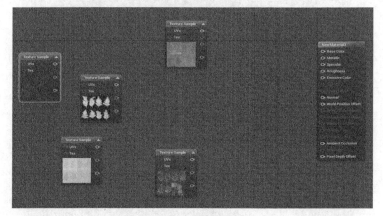

图 4-3-88

（36）修改母球材质类型（选中母球插槽节点），这样就可以激活相关的其他母球属性。如图 4-3-89 所示。

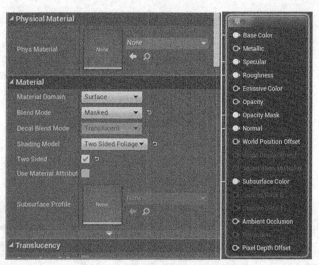

图 4-3-89

（37）创建一个常量节点并转换为变量节点，将其命名为 Color_Bright，使用 Multiply 链接到 Base Color，默认值为 1。如图 4-3-90 所示。

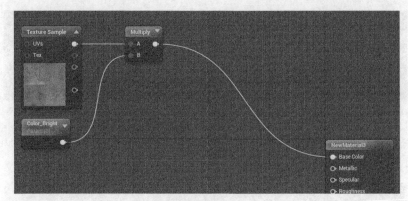

图 4-3-90

（38）提取 Color 的相对对比明显或者符合物理性的通道（这里选择提取绿通道）来作为高光属性数据，添加一个常量节点并转换为变量，将其命名为 Speculat_Contrast，再添加一个 CheapContrast（对比度调节）节点来控制高光贴图的对比度，使其明暗变化看起来更加明显、更加真实。如图 4-3-91 所示。

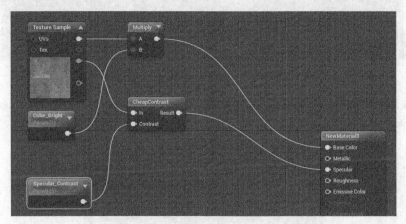

图 4-3-91

继续添加一个常量并转化为变量，将其命名为 Rough_Contrast，添加一个 CheapContrast 来控制粗糙度的对比度。如图 4-3-92 所示。

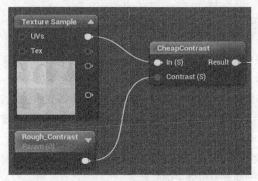

图 4-3-92

（39）将 ForestFern_4K_Opacity 贴图连接到母材质对应的透空属性 Opacity Mask（不透明蒙板）上。如图 4-3-93 所示。

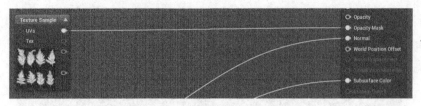

图 4-3-93

（40）创建一个常量节点并将其转化为一个变量节点，命名为 normal_bright，加载两个 Multiply（乘法）和两个 Append（追加）节点。如图 4-3-94 所示。

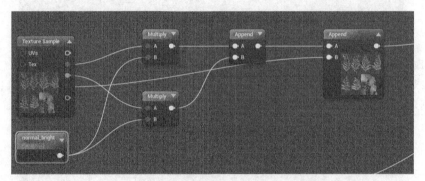

图 4-3-94

（41）将其连接到相应的 Normal（法线）插槽上，接着将 ForestFern_4K_Translucent 贴图连接到 Subsurface Color。如图 4-3-95 所示。

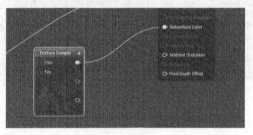

图 4-3-95

4.3.4 实例制作——道具类模型材质球

UE4 的材质表面上看起来很简单，可是到了用的时候却总是没有办法实现好的效果。

UE4 中的材质有很多用途，可以用于光照、延迟渲染、粒子系统等。

材质中最为关键的是作为最终输出结果的引脚，根据情况的不同有的会被使用，有的并不会被使用。

● Base Color（基础颜色）：定义材质的颜色，接受参数为 Vector3（RGB）。颜色采用 Float 形式，任何超出范围的输入数值都将被 Clamp 到 0～1 的范围内。

● Metallic（金属）：定义材质接近金属的程度。取值为 0～1，随值由低到高接近金属材质。从个人感官上而言，金属性决定的是类似于高光反射强度的参数。

● Specular（高光）：在大多数情况下数值保留默认的 0.5。调整的是非金属材质的高光反射强度，对金属材质无效。

经实际测试，在金属性为 0.5 时，这个参数几乎没有可视觉识别的影响。在金属性为 0 时可以增加一定程度的高光反射。

● Roughness（粗糙度）：定义材质的粗糙程度。基本和现实生活中一样，数值越低的材质镜面反射的程度就越高，数值越高就倾向于漫反射。

● Emissive Color（自发光颜色）：定义材质自主发出光线的参数。超过 1 的数值将会被视为 HDR 参数，产生泛光的效果。

高动态范围成像（简称 HDRI 或 HDR）是用来实现比普通图像技术更大曝光动态范围（即更大的明暗差别）的一组技术。高动态范围成像的目的就是要正确地表示真实世界中从太阳光直射到最暗的阴影这样大的范围亮度。

● Opacity（不透明度）：定义材质的不透明度。

● Opacity Mask（不透明蒙板）：只在 Mask（蒙板）模式下可用，与半透明度不同的是，不透明蒙板的输出结果只有可见和完全不可见两种。通常用于实现镂空之类的效果。

➢ Normal（普通）：通常用于连接法线贴图。

● World Position Offset（世界位置偏移）：世界位置偏移参数使得材质可以控制网格在世界空间中的顶点位置。

使用时如果遇到剔除投影之类的错误，则需要放大网格的 Scale Bounds（尺度界限），但这样会导致效率下降。

● World Displacement（世界位移）：只能在 Tessellation（虚拟细分）属性有设置时才起作用。

● Tessellation Multiplier（多边形细分乘数）：只有在设置了 Tessellation（虚拟细分）属性时才可以使用。决定瓷砖贴片的个数。

● Subsurface Color（次表面颜色）：只有 Shading Model 为 Subsurface 时才有效。用于模拟类似于人类皮肤这样在光线透过表面之后会有第二种表面颜色反射的情况。

● Clear Coat（透明涂层）：通常用于模拟在材质的表面有一层薄的透明涂层的情况，如钢琴烤漆之类的效果。

● Clear Coat Roughness（透明涂层粗糙度）：调节透明涂层的高光模糊程度。

● Ambient Occlusion（环境遮挡）：用于连接 AO 贴图的引脚。

● Refraction（折射）：用于调整透明材质的折射率。

下面来制作一个简单的道具材质球。

具体操作步骤如下。

（1）创建一个新的母材质。如图 4-3-96 所示。

图 4-3-96

（2）重命名打开材质面板，并将所需的贴图导入其中。如图 4-3-97 所示。

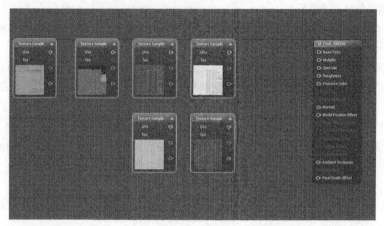

图 4-3-97

（3）将颜色贴图连接到 Base Color 上。如图 4-3-98 所示。

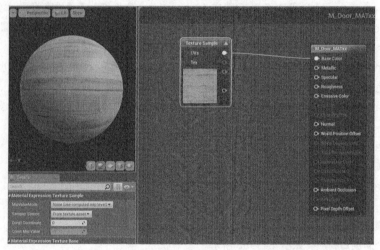

图 4-3-98

（4）此时发现木纹的方向是横向的，但为了让贴图更加适于调整需要让贴图有更高的可控性，所以要为贴图添加可旋转属性和可重复属性，按住 U 键单击左键，可快速创建一个 UV 节点。如图 4-3-99 所示。

（5）在空白处右击打开索引栏，索引 Rotate（旋转），这样我们会找到 CustomRotator（自定义旋转）节点。如图 4-3-100 所示。

（6）将 UV 节点连接到 UVs（V2）上，按住数字 1 键左键单击，快速创建一个常量节点，右击选择 Convert to Parameter（转换为变量），将其转化为一个变量节点。如图 4-3-101 所示。

图 4-3-99

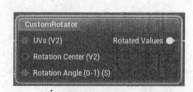

图 4-3-100

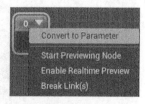

图 4-3-101

（7）再将其连接到 Rotation Angle（旋转角度）（0-1）（S）上，设置默认值为 0.25。如图 4-3-102 所示。

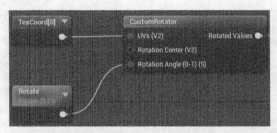

图 4-3-102

（8）这样，就可以通过 Rotate（旋转）的变量在实例材质中控制贴图的旋转了。然后按住 M 键左键单击，快速创建一个 Multiply（乘法）节点，并用上面的方法为其创建一个常量节点来控制贴图的重复度，节点按照如图 4-3-103 所示连接。

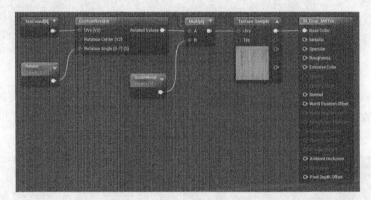

图 4-3-103

（9）现在就可以在所创建的实例材质球中及时控制旋转和重复属性了。如图 4-3-104 所示。

图 4-3-104

（10）使用 AO 贴图为 Color（颜色）增加体感。按住 M 键，快速添加一个 Multiply（乘法）节点，如图 4-3-105 所示。

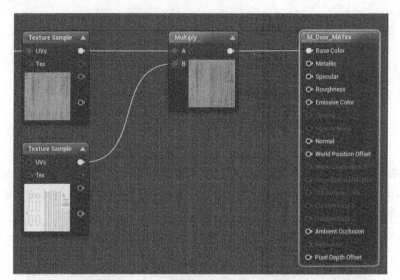

图 4-3-105

（11）基本木色 Color 有了体感效果，但是这个效果并不可控，所以要用一些由常量转化的变量来控制 AO 贴图对 Color 影响的强度。在这里需要添加一个 Lerp 节点。按住 L 键，左键单击，快速创建 Lerp 节点，B 的值默认为 1。如图 4-3-106 所示。

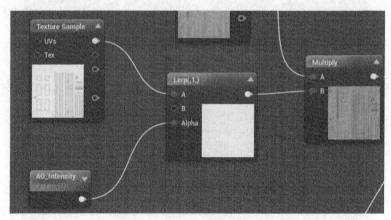

图 4-3-106

（12）将节点按如图 4-3-106 所示的方法连接，这样就可以在实例材质中控制 AO 的强度了。然后来制作 Metallic（金属度）属性。

（13）在这张 Mask 贴图中，已经用红绿蓝 3 种颜色将木头与金属的部分在 UV 上区分开了，所以这时只需要将金属部分的面积（绿色和蓝色）提取出来即可。如图 4-3-107 所示。

（14）按住 A 键，左键单击，快速创建 Add 节点并按如图 4-3-108 所示的方法连接，将蓝色通道区域和绿色通道区域拼合成一个单色区域。

（15）为了控制其金属强度，添加 Multiply 和一个变量节点来控制其强度。如图 4-3-109 所示。

图 4-3-107

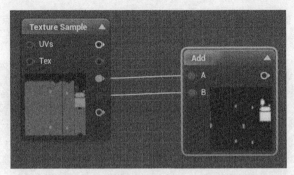

图 4-3-108

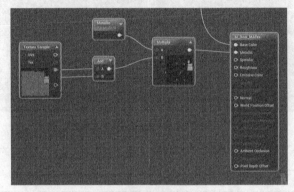

图 4-3-109

（16）通过提取金属强度区域，调整 Color 中金属区域的颜色，使用一个 Add 节点将提取的金属区域当作颜色信息叠加到木质 Color 上。如图 4-3-110 所示。

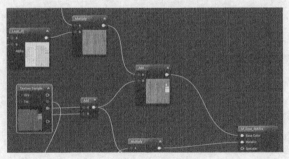

图 4-3-110

（17）继续创建 Roughness（粗糙度）属性，创建一个 Lerp 来控制 Rough 的强度，并再创建一个 Multiply 把粗糙度和提取出来的红色通道区域进行叠加。如图 4-3-111 所示。

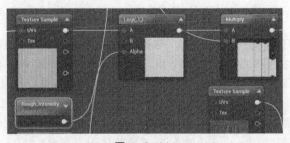

图 4-3-111

（18）需要注意的是，这里需要将之前用来控制 Color 贴图的旋转和重复的节点连接到基础 Rough 贴图的 UVs 选项中，以便同时控制 Rough 和 Color 的旋转和重复度。如图 4-3-112 所示。

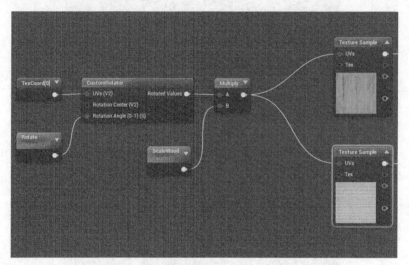

图 4-3-112

（19）但可以发现，由于贴图初期的纹理朝向就有所不同，所以可以再给基础的 Rough（粗糙）贴图添加一个附加的旋转值，但这一次就不需要将常量转化为变量了。如图 4-3-113 所示。

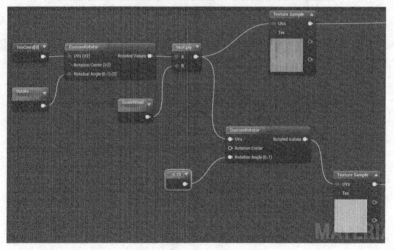

图 4-3-113

 注意

这里的旋转数值为-0.25。因为需要转回原来的角度。

（20）添加法线贴图需要借用一个 Lerp 节点，将基础法线贴图连接到 A，将纹理法线贴图连接到 B，并创建一个 Normal_Intensity 的变量来控制纹理法线效果的强度，默认值为 0.5。如图 4-3-114 所示。

（21）依旧需要将可以调节贴图重复度的节点连接到纹理法线的 UVs 接口上，以帮助纹理效果重复度保持一致。

因为金属部分并不需要木纹法线的效果，所以需要使用 mask 贴图将纹理法线在效果中剔除。按住键盘数字 3 键，单击鼠标左键，快速创建一个 3 通道节点，并将其 RGB 的值设置为 0.5、0.5、1（这是法线贴图平色的数值），然后使用 lerp 节点连接之前的法线。如图 4-3-115 所示。

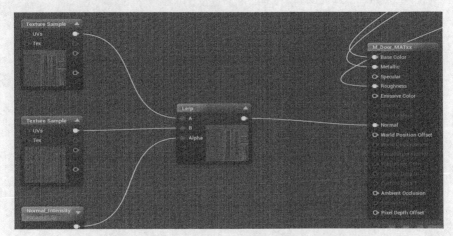

图 4-3-114

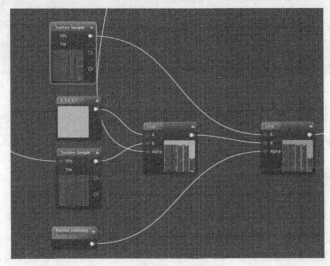

图 4-3-115

（22）完成母材质，可在实例场景里一边查看一边调试材质效果了。如图 4-3-116 和图 4-3-117 所示。

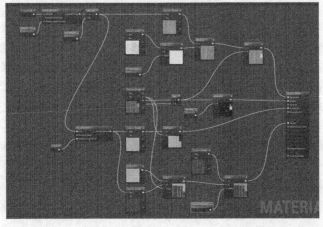

图 4-3-116

图 4-3-117

4.4 UE4 引擎中的环境灯光效果的设置

4.4.1 UE4 的灯光

虚幻引擎 4 中有 4 种光源类型：DirectionalLight（定向光源）、PointLight（点光源）、SpotLight（聚光源）以及 SkyLight（天光）。定向光源主要作为基本的室外光源，或者作为需要呈现出是从极远处或者接近于无限远处发出的光的任何光源。点光源是类似于白炽灯的光源，从一个单独的点处向各个方向发光。聚光源也是从一个单独的点处向外发光，但是其光线会受到一组锥体的限制。天光则获取场景的背景并将它用于场景网格物体的光照效果。

1. 定向光源

定向光源模拟从一个无限远的源头处发出的光照。这意味着这个光源照射出的阴影效果都是平行的，从而使得它成了模拟太阳光的理想选择。定向光源在设置的时候可以选择 3 种移动设置中的一种。

- 静态：意味着游戏时光照无法被修改。这是渲染效率最快的一种形式，并能采用烘焙光照。
- 固定：意味着光照能产生阴影并生成由 Lightmass 计算的静态物体反弹的光线，其他的光照则是动态的。这个设置能让光照在游戏过程中修改光照的颜色或强度，但它无法移动位置，并允许使用一部分预烘焙光照。
- 可移动：意味着光照是完全动态的，并允许动态阴影。这个渲染效率最慢，但游戏过程中最灵活。如图 4-4-1 所示。

在图 4-4-2 中可以看到透过开放的屋顶照射进来的阳光。

图 4-4-2 的图片显示了只有光照的情况，图 4-4-3 的图片启用了阴影视锥以便看到方向光照产生的平行光射线。

图 4-4-1

图 4-4-2

光照方向会有一个小箭头显示，这在摆放灯光的时候也是挺有用的。如图 4-4-4 所示。

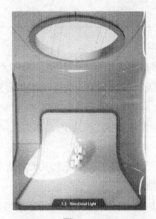
图 4-4-3

图 4-4-4

定向光源的属性分为 5 类：光照、光束、Lightmass、光照函数、联级阴影贴图。
光照属性如表 4-4-1 所示。

表 4-4-1

属性	描述
Intensity（强度）	光照的整体强度
Light Color（灯光颜色）	光照的颜色
Used As Atmosphere Sun Light（用作大气中的日光）	使用这个定向光源来定义太阳在天空中的位置
Affects World（影响世界）	完全禁用光源。不能在运行时设置该项。要想在运行过程中禁用光源的效果，可以改变它的 Visibility（可见性）属性
Casts Shadows（投射阴影）	光源是否投射阴影
Indirect Lighting Intensity（间接光照强度）	缩放来自光源的间接光照的量
Min Roughness（最小粗糙度）	该光源的最小粗糙度，用于使得高光变得柔和
Self Shadowing Accuracy（自投影精确度）	控制来自这个光源的全景阴影的自投影的精确度
Shadow Bias（阴影偏差）	控制来自这个光源的阴影的精确度

属性	描述
Shadow Filter Sharpen （阴影滤镜锐化）	阴影滤镜锐化该光源的程度
Cast Translucent Shadows （投射半透明阴影）	该光源是否可以透过半透明物体投射动态阴影
Affect Dynamic Indirect Lighting （影响动态间接光照）	是否要将该光照注入 Light Propagation Volume（灯光渲染盒）
Cast Static Shadows（投射静态阴影）	该光源是否投射静态阴影
Cast Dynamic Shadows （投射动态阴影）	该光源是否投射动态阴影
Affect Translucent Lighting （影响半透明物体的光照）	该光源是否影响半透明物体

（1）光束。
- Enable Light Shaft Occlusion（启用光束遮挡）：同屏幕空间之间发生散射的雾和大气是否遮挡该光照。
- Occlusion Mask Darkness（遮挡蒙板的黑度）：遮挡蒙板的黑度，值为 1 则不会变黑。
- Occlusion Depth Range（遮挡深度范围）：和相机之间的距离小于这个值的任何物体都将会遮挡光束。
- Enable Light Shaft Bloom（启用光束的光溢出）：是否渲染这个光源的光束的光溢出效果。
- Bloom Scale（光溢出）：缩放叠加的光溢出颜色。
- Bloom Threshold（光溢出阈值）：场景颜色必须大于这个值才能在光束中产生光溢出。
- Bloom Tint（光溢出色调）：给光束发出的光溢出效果着色所使用的颜色。
- Light Shaft Override Direction（光束方向覆盖）：可以使得光束从另一个地方发出，而不是从该光源的实际方向发出。

（2）光照系统。
- Light Source Angle（光源角度）：定向光源的发光表面相对于一个接收者伸展的度数，它可以影响阴影大小。
- Indirect Lighting Saturation（间接光照饱和度）：该项值如果为 0，可在 Lightmass 中对该光源进行完全的去饱和；如果该项值为 1，则光源没有改变。
- Shadow Exponent（阴影指数）：控制阴影模糊的衰减。

（3）光照函数。
- Light Function Material（光照函数材质）：应用到这个光源上的光照函数材质。
- Light Function Scale（光照函数缩放比例）：缩放光照函数投射。
- Light Function Fade Distance（光照函数衰减距离）：光照函数在该距离处会完全衰减为 0。
- Disabled Brightness（禁用的亮度）：在指定了光照函数又将其禁用时，光源应用的亮度因数，参照上面的属性——Light Function Fade Distance（光照函数衰减距离）。
- Cascaded Shadow Maps（联级阴影贴图）：如表 4-4-2 所示。

表 4-4-2

属性	描述
Dynamic Shadow Distance MovableLight （动态阴影距离动态光）	从摄像机位置算起，对于可移动灯光而言，联级阴影贴图生成阴影的距离

属性	描述
Dynamic Shadow Distance StationaryLight（动态阴影距离固定光）	从摄像机位置算起，对于可移动灯光而言，联级阴影贴图生成阴影的距离
Num Dynamic Shadow Cascades（动态阴影联级）	整个场景分不到视锥中联级的数量
Cascade Distribution Exponent（联级分布指数）	控制联级分布时靠近摄像机（较小的指数），或者离摄像机较远（较大的指数）
Cascade Transition Fraction（联级过渡比例）	联级之间过渡的比例
Shadow Distance Fadeout Fraction（阴影距离渐变比例）	控制动态阴影淡出区域的大小
Use Inset Shadows for Movable Objects（对动态物体使用预渲染阴影）	（仅固定光照）联级阴影贴图启用时，是否要使用逐个物体的阴影交互

2. 点光源

点光源和现实世界中灯泡的工作原理类似，灯泡从灯泡的钨丝向各个方向发光。然而，为了获得更好的性能，点光源简化为仅从空间中的一个点向各个方向均匀地发光。如图 4-4-5 所示。

图 4-4-5

没有显示半径的点光源，和启用了光源半径的同一光源相比，后者很好地展示了光源所影响的世界的范围。尽管点光源从空间中的那个点发光，没有形状，但是虚幻引擎 4 为点光源提供了半径和长度，以便在反射及高光中使用，从而使得点光源更加真实自然。如图 4-4-6 所示。

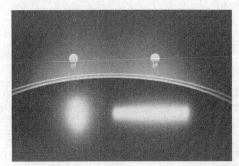

图 4-4-6

点光源属性如表 4-4-3 所示。

表 4-4-3

属性	描述
光源	
Brightness（亮度）	光源的整体亮度，以流明为单位。如果使用 IES 光源概述文件，将会忽视该项
Radius（半径）	衰减半径。虽然从物理上讲是不正确的，但是对于控制性能和视觉效果来说是必要的
Light Falloff Exponent（光源衰减指数）	控制光照的径向衰减
Source Radius（光源半径）	设置光源的半径，以决定静态阴影的柔和度和反射表面上的光照的外观
Source Length（光源长度）	设置光源的长度（光源的形状是个两端具有半球的圆柱体：在虚幻引擎 4 中称之为 Sphyl.）来决定静态阴影的柔和度和反射表面上光照的外观
Light Color（光源颜色）	光源的颜色
Indirect Lighting Intensity（间接光照强度）	缩放来自光源的间接光照的量
Affects World（影响世界）	完全禁用光源。不能在运行时设置该项。要想在运行过程中禁用光源的效果，可以改变它的 Visibility（可见性）属性
Casts Shadows（投射阴影）	光源是否投射阴影
Min Roughness（最小粗糙度）	该光源的最小粗糙度，用于使得高光变得柔和
Self Shadowing Accuracy（自投影精确度）	控制来自这个光源的全景阴影的自投影精确度
Shadow Bias（阴影偏差）	控制来自这个光源的阴影的精确度
Shadow Filter Sharpen（阴影滤镜锐化）	阴影滤镜锐化该光源的程度
Inverse Squared Falloff（平方反比衰减）	该光源是否使用平方反比衰减
Cast Static Shadows（投射静态阴影）	该光源是否投射静态阴影
Cast Dynamic Shadows（投射动态阴影）	该光源是否投射动态阴影
Cast Translucent Shadows（投射半透明阴影）	该光源是否可以透过半透明物体投射动态阴影
Affect Translucent Lighting（影响半透明物体的光照）	该光源是否影响半透明物体
光源概述文件	
IES Texture（IES 贴图）	光源概述文件所使用的"贴图"。IES 文件是 ASCII 码文件，尽管虚幻引擎将其呈现为贴图，但它们不是图片文件
Use IES Brightness（使用 IES 亮度）	如果该项为 false，它将会使用光源的亮度来决定要产生多少光照。如果该项为 true，它将会使用 IES 文件的亮度（一般比虚幻引擎中光源的默认值大很多），以流明为单位
IES Brightness Scale（IES 亮度缩放比例）	IES 亮度影响量的缩放比例，因为它们可能会使整个场景变黑

续表

属性	描述
灯光质量	
Indirect Lighting Saturation（间接光照饱和度）	该项值如果为 0，在 Lightmass（灯光质量）中将会对该光源进行完全去饱和；如果该项值为 1，光源则没有改变
Shadow Exponent（阴影指数）	控制阴影半影的衰减
光照函数	
Light Function Material（光照函数材质）	应用到这个光源上的光照函数材质
Light Function Scale（光照函数缩放比例）	缩放光照函数投射
Light Function Fade Distance（光照函数衰减距离）	光照函数在该距离处会完全衰减为 Disabled Brightness（禁用的亮度）中所设置的值
Disabled Brightness（禁用的亮度）	当指定了光照函数但却将其禁用了时，光源应用的亮度因数，参照上面的属性——Light Function Fade Distance（光照函数衰减距离）
光束	
Enable Light Shaft Bloom（启用光束的光溢出）	是否渲染这个光源的光束的光溢出效果
Bloom Scale（光溢出）	缩放叠加的光溢出颜色
Bloom Threshold（光溢出阈值）	场景颜色必须大于这个值才能在光束中产生光溢出
Bloom Tint（光溢出色调）	给光束发出的光溢出效果着色所使用的颜色

3. 聚光源

Spot Light（聚光源）从锥形空间中的一个单独的点处发出光照。它为用户提供了两个锥角来塑造光源——内锥角和外锥角。在内锥角中，光源达到最大亮度，形成一个亮盘。从内锥角到外锥角，光照会发生衰减，并在亮盘周围产生半影区（或者说是软阴影）。光源的半径定义了圆锥体的长度。简单地讲，聚光源的工作原理同手电筒或舞台聚光灯类似。如图 4-4-7 所示。

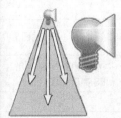

图 4-4-7

聚光源的属性如表 4-4-4 所示。

表 4-4-4

属性	描述
光源	
Brightness（亮度）	光源的整体亮度，以流明为单位。如果使用 IES 光源概述文件，将会忽视该项
Inner Cone Angle（内锥角）	设置聚光源的内锥角，以度数为单位
Outer Cone Angle（外锥角）	设置聚光源的外锥角，以度数为单位
Radius（半径）	衰减半径，虽然从物理上讲是不正确的，但是对于控制性能和视觉效果来说是必要的
Light Falloff Exponent（光源衰减指数）	控制光照的径向衰减
Source Radius（光源半径）	设置光源的半径，以决定静态阴影的柔和度和反射表面上的光照的外观
Source Length（光源长度）	设置光源的长度（光源的形状是个两端具有半球的圆柱体：在虚幻引擎 4 中称之为 Sphyl）来决定静态阴影的柔和度和反射表面上光照的外观
Light Color（光源颜色）	光源的颜色
Indirect Lighting Intensity（间接光照强度）	缩放来自光源的间接光照的量
Affects World（影响世界）	完全禁用光源。不能在运行时设置该项。要想在运行过程中禁用光源的效果，可以改变它的 Visibility（可见性）属性
Casts Shadows（投射阴影）	光源是否投射阴影
Min Roughness（最小粗糙度）	该光源的最小粗糙度，用于使高光变得柔和
Self Shadowing Accuracy（自投影精确度）	控制来自这个光源的全景阴影的自投影精确度
Shadow Bias（阴影偏差）	控制来自这个光源的阴影的精确度
Shadow Filter Sharpen（阴影滤镜锐化）	阴影滤镜锐化该光源的程度
Inverse Squared Falloff（平方反比衰减）	该光源是否使用平方反比衰减
Cast Static Shadows（投射静态阴影）	该光源是否投射静态阴影
Cast Dynamic Shadows（投射动态阴影）	该光源是否投射动态阴影
Cast Translucent Shadows（投射半透明阴影）	该光源是否可以透过半透明物体投射动态阴影
Affect Translucent Lighting（影响半透明物体的光照）	该光源是否影响半透明物体
光源概述文件	
IES Texture（IES 贴图）	光源概述文件所使用的"贴图"。IES 文件是 ASCII 码文件，尽管虚幻引擎将其呈现为贴图，但它们不是图片文件
IES Brightness Scale（IES 亮度缩放比例）	IES 亮度影响量的缩放比例，因为它们可能会使整个场景变黑
灯光质量	
Indirect Lighting Saturation（间接光照饱和度）	该项值如果为 0，将会在 Lightmass（灯光质量）中对该光源进行完全的去饱和；如果该项值为 1，则光源没有改变
Shadow Exponent（阴影指数）	控制阴影半影的衰减

续表

属性	描述
光照函数	
Light Function Material（光照函数材质）	应用到这个光源上的光照函数材质
Light Function Scale（光照函数缩放比例）	缩放光照函数投射
Light Function Fade Distance（光照函数衰减距离）	光照函数在该距离处会完全衰减为 Disabled Brightness（禁用的亮度）中所设置的值
光束	
Enable Light Shaft Bloom（启用光束的光溢出）	是否渲染这个光源的光束的光溢出效果
Bloom Scale（光溢出程度）	缩放叠加的光溢出颜色
Bloom Threshold（光溢出阈值）	场景颜色必须大于这个值才能在光束中产生光溢出
Bloom Tint（光溢出色调）	给光束发出的光溢出效果着色所使用的颜色

4. 天光

天空会获取场景中一定距离以外的部分（SkyDistanceThreshold 距离以外的一切东西）并将它们作为光照应用在场景中。这意味着天空的视觉效果和它产生的光照/反射将会匹配，无论是模拟天空的大气雾反射效果、云层效果；也可以指定一个 Cubemap（立方体贴图）来使用。

天光效果会在重新构建光照时被更新，或者使用 Sky Light Actor（天空光）上的重新捕获场景的按钮进行更新。如果更改了天空球使用的贴图，这并不会被自动更新到光照信息中。

要表达真实的天光效果，应该采用 Sky Light（天光）而不是环境光照 Ambient Cubemap（环境立方体贴图），其原因在于 Sky Light（天光）会造成局部的阴影，这样能避免诸如室内场景被天光照亮。天光的移动性可以被为静态或者固定的属性。

- 静态：意味着游戏时光照无法被修改。这是渲染效率最高的一种形式，并能采用烘焙光照。
- 固定：意味着光照产生的阴影以及由 Lightmass 计算的静态物体反弹的光线能够生成，其他的光照则是动态的。这个设置能让光照在游戏过程中修改光照的颜色或强度，但它无法移动位置，并允许使用一部分预烘焙光照。

图 4-4-8 是一个采用天空光照的场景的示例图片。

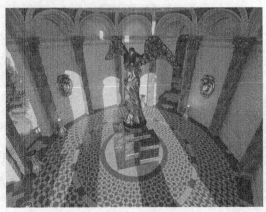

图 4-4-8

（1）静态天空光照。

具有静态设置的天空光照会完全烘焙到静态物体的光照贴图中，因此在运行时光照没有任何开销。这是移动平台上支持的唯一一种天光类型。对光照属性修改只有在重新构建光照后才能看到效果。

> **注意**
>
> 只有那些光照设置为静态或者固定的组件，才会被捕获，并结合静态天空光照产生效果。另外，只有材质中自发光的属性才会被捕获并结合静态天空光照产生效果，这么做是为了避免循环反馈计算。要保证天空盒使用的是无光照材质。

（2）固定天空光照。

具有固定设置的天空光照采用由 Lightmass 生成的烘焙阴影。一旦在管卡中摆放一个固定天空光照，必须先构建一次光照才能看到烘焙阴影的效果。之后就可以修改天空光照属性而不需要重新构建了。

由 Lightmass 预计算的天空光照的阴影记录保存了方向遮挡信息，这被称为弯曲法线。这个方向是一个纹素（单位纹理）面向最不被遮挡的朝向。那些被遮挡的区域，使用这个方向来计算天空光照效果，而不是使用原先的表面法线，这么做能改进一些裂缝处的效果。

图 4-4-9 显示了仅有 AO 的天空光照效果。图 4-4-10 显示的是使用弯曲法线遮罩的天空光照。请注意看，在褶皱密集处，表面光线对照射进来的光线趋于"一致"的效果。

> **注意**
>
> 只有那些光照设置为静态或者固定的组件，才会被捕获，并结合固定天空光照产生效果。

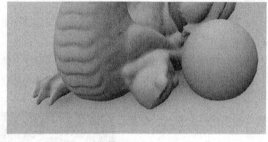 

图 4-4-9   图 4-4-10

和其他的固定灯光类型一样，灯光的颜色可以在运行时被蓝图或者 Matinee 实时修改。间接光照被预烘焙到光照贴图中就不能实时修改了。间接光照的程度可以由 Indirect Lighting Intensity 数值控制。如图 4-4-11 所示。

图 4-4-11

（3）可移动的天空光照。

可移动的天空光照并不适用任何形式的预计算。它会捕获任何光照设定的组件，并作为场景的天空光照来源。

（4）距离场环境遮挡。

可移动的天空光照产生的阴影由一个叫作距离场环境遮挡的功能来表现，它通过在物体周围预计算的 Signed Distance Field Volume（符号距离场容量）生成环境遮挡。rigid（固态）网格物体可以被移动或者隐藏，这将影响遮挡效果。这个特性在默认情况下并没有开启，如果开启，需要进行一些设置。

（5）天空光照属性。

天空光照的属性分为两类：光照和天空光照。

光照属性如表 4-4-5 所示。

表 4-4-5

属性	描述
Intensity（强度）	发射光子的总能量
Light Color（灯光颜色）	定义光照发射的颜色
Affects World（影响世界）	光照是否对当前世界起效，或是禁用
Casts Shadows（投射阴影）	这个光照是否要产生阴影

天空光照属性如表 4-4-6 所示。

表 4-4-6

属性	描述
Source Type（光源类型）	是否获取远距离的场景并用作光照来源，或是使用特定的 Cubemap。当获取场景时，任何距离当前天空光照位置超过 Sky Distance Threshold 的东西都将被包含
Cubemap（立方体贴图）	如果 Source Type 设置为 SLS_SpecifiedCubemap 时，定义要为天空光照使用的 Cubemap
Sky Distance Threshold（天空距离边界值）	从天空光照位置起算的距离，该数值下的任何东西都会被认为是天空的一部分（也会参与反射捕获）
Lower Hemisphere is Black（下半球成黑色）	是否将来自下半球的光线设置为 0。这对防止下半球的光线溢出是有用的
Recapture Scene（重新获取场景）	当天空光照 Actor 设置为 SLS_CapturedScene 时，这将重新获取天空光照照亮场景用的图片

4.4.2　室内灯光搭建与设置

本节开始为之前所制的基本场景打光，为了方便观察单纯的演示灯光效果，选择大大降低所有材质的高光和发射效果，以便减少材质效果对灯光的影响，当然在 Mastlight 完成之后也可以将材质效果恢复，这样会让画面有更多的光影细节。

通过扫描二维码可以观察室内灯光搭建与设置的场景效果。

具体操作步骤如下。

（1）创建一个空的场景，确保里面没有任何光线，并且把所有之前制作好的室内文件导入并摆放好位置。如图 4-4-12 所示。

室内灯光搭建与设置

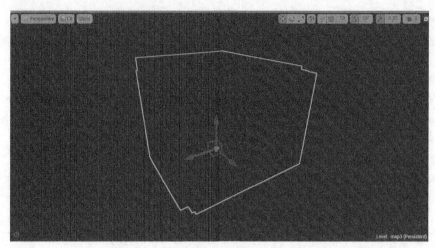

图 4-4-12

得到一个全黑的场景，这是最理想的。

（2）给场景一个基础的全局照明，以便能看清楚所有物体。

在 Light 中找到 Sky Light 并把它拖动到场景中，在场景中选中 Sky Light。如图 4-4-13 所示。

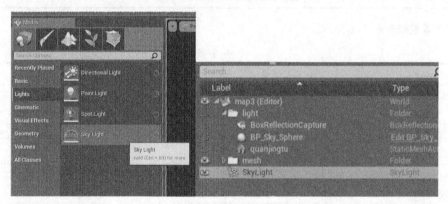

图 4-4-13

（3）在 Detail 属性栏中找到子属性 Light，单击 SLS Captured Scene 并将其切换成 SLS Specified Cubemap，这样下面的 Cubemap 选项就被激活了。如图 4-4-14 所示。

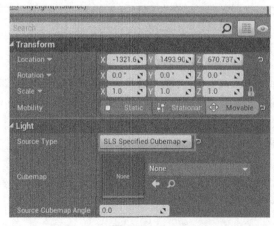

图 4-4-14

（4）选中 None，切换一个自己喜欢的贴图即可。这样，场景就被简单地照亮了，并且可以通过调节线面的 Intensity 来控制全局光的光照强度。建议设置一个比较小的值，因为现阶段做的只是一个起始照明。如图 4-4-15 所示。

图 4-4-15

（5）将场景背景的自动曝光关闭，因为它会模拟人眼睛的效果，将看到的东西逐渐变亮，在 Edit 中单击 Project Settings 并将其打开。如图 4-4-16 所示。

（6）在 Engine 属性中找到并单击 Rendering 菜单，在 Default Settings 中去掉对 Auto Exposure 的勾选。场景的光照强度恢复成常态。如图 4-4-17 所示。

图 4-4-16

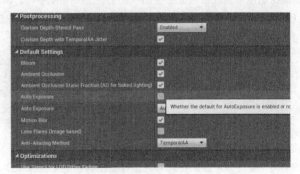

图 4-4-17

（7）创建一个平行光来模拟太阳光的效果。

直接拖到场景即可。如图 4-4-18 所示。

图 4-4-18

（8）将其调整到一个类似黄昏的角度。如果在调整中看不懂小太阳的指针请按 G 键。如图 4-4-19 所示。

并调整平行光的属性——Detail 菜单栏中的 Light 卷展栏下的 Light Color 属性，选择一个比较接近于黄昏的颜色。如图 4-4-20 所示。

图 4-4-19

图 4-4-20

如果在制作中发现在画面上会出现发亮的 Preview 字样，请不要担心，这是因为新创建的灯光还没有进行 Build（构建），只要在 Build 中单击 Build Lighting Only，就可以为新的灯光进行构建了。切记不要在 Build 的过程中再去调整其他的参数。如图 4-4-21 所示。

图 4-4-21

（9）调一些外景。找到在之前制作好贴图材质的全景图（Quanjingtu 模型）文件命名，把它拖入场景并包围在房子周围。如图 4-4-22 所示。

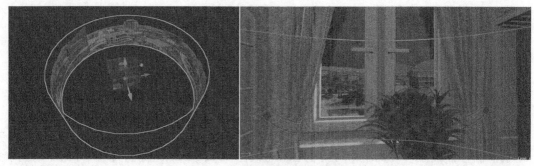

图 4-4-22

接着添加天空，以便让外景更加丰富。在 All Classes 中找到 BP_Sky_Sphere，并把它拖入场景中。如图 4-4-23 所示。

图 4-4-23

BP_Sky_Sphere 会自动关联场景中平行光（Directional Light），并根据其当前角度影响自动变换调控效果。如图 4-4-24 所示。

图 4-4-24

（10）场景里有一盏台灯，正好处于暗部，让其亮起来可以让场景的光照更加丰富，添加一盏聚光灯并把其拖曳到场景中。如图 4-4-25 所示。

图 4-4-25

为了更加强调其对周围的漫反射影响，添加一个点光源，将其放置到与聚光灯几乎相同的位置并调节好，利用其 Lights 属性下的 Intensity 和 Light Color 来调节亮度和颜色，确保其不会破坏掉黄昏场景的氛围。如图 4-4-26 所示。

（11）加入一个反射盒

将 All Class-Box Reflection Capture 拖入场景中，并把其属性 Reflection Source Type 的类型换成 Specified Cubemap。如图 4-4-27 所示。

图 4-4-26

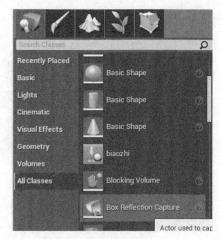

图 4-4-27

选中一个自己喜欢的全局反射图，利用下面的 Brightness 属性来控制反射的强度。如图 4-4-28 所示。

图 4-4-28

（12）添加大气雾。

将 Exponential Height Fog（雾的高度指数）添加到场景中并勾选 Volumetric Fog（雾的体积），将其 Scattering Distribution（散射分布值）调整到 0.9。如图 4-4-29 所示。

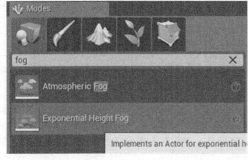

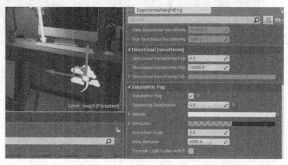

图 4-4-29

在 UE4 中，每一个基础灯光类型都能受到灯光雾的影响，需要逐个去打开。选中平行光 Directional Light（定向光源），调节 Volumetric Scattering Intensity（体积散射强度）。如图 4-4-30 所示。

灯光雾的强度与灯光强度和雾的强度有关，其强度越强效果越明显。如图 4-4-31 所示。

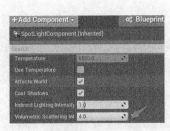

图 4-4-30　　　　　　　　　　　　　　　　　　图 4-4-31

（13）在所有灯光配置都完成之后，就要进入最后一部分制作了——Post Process Volume（后期盒调整）。如图 4-4-32 所示。

后期盒是一个完全透明的盒子，但是在其体积包裹的范围内会受到它所控制属性的影响，所以让它完全包裹住盒子。如图 4-4-33 所示。

图 4-4-32　　　　　　　　　　　　　　　　　　图 4-4-33

（14）完成之后可对其属性进行调整。在这里主要是对基本场景校色，以确保画面的色点更加贴近我们想要的效果。如图 4-4-34 所示。

图 4-4-34

第5章

VR 经典作品案例剖析

5.1　VR 家装行业分析

　　随着地产家装行业的发展，VR 虚拟现实技术也悄悄地占领了家装领域。本节从 VR 家装行业应用角度进行分析，在虚拟现实技术领域中，VR 家装表现出令人折服的效果。在传统装修中，业主很难看懂装修效果图，而实际装修下来的结果也与效果图相差甚远。而 VR 家装就很好地解决了这一问题，它将纸质的图片以三维的形式呈现在用户眼前，让用户提前感受设计效果，体验设计场景，自选搭配风格，避免了与设计师意见相左的情况，也不存在后期心理落差。在这个媲美真实的空间中，用户可以感受到"所见即所得"的家装效果。如图 5-1-1 所示。

图 5-1-1

　　通过扫描二维码可以观察 VR 家装案例的效果。

　　利用二维码的形式可以让读者体验 VR 家装行业的真实案例，并且逐步分析案例中模型的制作、摆放的布局、灯光的布置及后期效果的调整，让读者能够了解 VR 家装行业开发的步骤与重要环节。

VR 家装案例分析

5.2　VR 家装案例分析

　　本节给读者带来一整套 VR 家装的案例分析，包括卧室、客厅、厨房和卫生间。同时，会提供一些制作流程以及制作思路。

5.2.1　场景的测量

1. 房型图测量

　　对于家装类的场景制作，在装修设计方面，首先应该保证的就是尺寸的正确与精准性。因此家装类场景首先要求整体的方形 CAD 图纸。

　　如图 5-2-1 所示，图中标注出了每个房间的具体尺寸，需要按照此图来进行制作。由于使用 VR 观看模式，要求场景比例必须为 1∶1，不要对模型尺寸进行缩放，这样才能使得观看者获得身处其中的效果。

　　具体操作步骤如下。

　　（1）墙体、地面及房顶的制作。利用 3ds Max 中的 Box 进行制作即可。需要完全按照图纸来制作。

（2）制作场景中的家具模型。对于 VR 家装来说，家具的模型是至关重要的，这也是场景能否完全还原的基础。

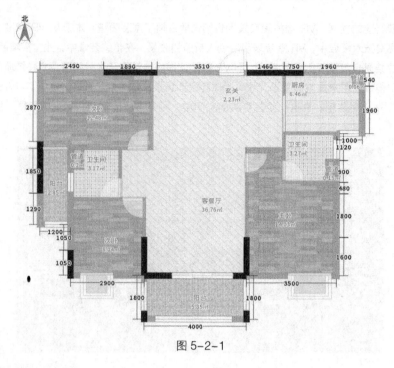

图 5-2-1

2. 家具素材采集测量

具体操作步骤如下。

（1）制作家具模型的第一步就是素材的采集。素材采集分为三点：照片、尺寸和材质。首先需要对要制作的家具模型进行拍照。拍照的方法也区别于普通的拍照方式。由于要参考照片来进行制作，所以照片拍摄效果也直接影响到制作精度。

（2）在对家具进行拍照时，首先应该拍摄家具的全方位透视图，标明家具每个方向的整体比例。整体图的目的在于进行后续的三维制作时，有一个整体比例的把控。如图 5-2-2 所示。

（3）正视图、侧视图、背视图称为三视图。三视图作为制作时的整体比例图，可以直接贴到 3ds Max 中，这会使得制作更为简便。如图 5-2-3 所示。

（4）最后是关于细节部位的拍摄，这里需要对重点制作或者结构相对复杂的部位进行特写拍照，使得细节部位能够看得更清晰。如图 5-2-4 所示。

图 5-2-2　　　　　　　　图 5-2-3　　　　　　　　图 5-2-4

（5）家具的尺寸要求同样重要。在室内设计时，对于尺寸的要求非常严格。对于家装类模型而言，家居的尺寸要求完全还原真实家居。所以可以对家具的一些基本尺寸数据进行测量，例如家具的长、宽、高的数据以及家具每部分零件的具体数据等。如图 5-2-5 所示。

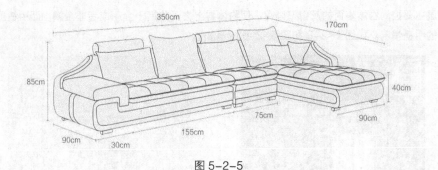

图 5-2-5

5.2.2　材质属性

1. 选择纹理

木纹对于家居而言，属于最重要的一类材质。如果有条件，可以对家具进行近距离拍摄，然后通过软件将图片修改为循环材质，或者在需要使用时寻找类似的木纹材质代替。如图 5-2-6 所示。

2. UV 分配

具体操作步骤如下。

（1）素材搜集整理完毕后，就正式进入模型制作阶段。模型制作方法在这里不进行过多阐述。要求完全按照尺寸制作。对于材质的制作，家装类模型的贴图基本制作成循环贴图的形式，不添加任何的破损及脏旧效果。模型的第一套 UV 可以根据贴图像素或纹理进行缩放调整，而且可以摆放在 UV 框之外。

（2）制作模型的二套 UV。二套 UV 的作用是在引擎当中渲染光影效果，其要求是必须保证在 UV 框中，而且不允许出现 UV 重叠的现象。同时需要保证模型主要部位占到的像素较多，而模型看不到或者次要部位可以适当减少像素面积。如图 5-2-7 所示。

图 5-2-6

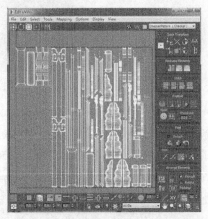

图 5-2-7

（3）在材质贴图的制作方面，颜色贴图需要制作成循环贴图，这样能够保证模型的一套 UV 可以任意缩放。然后制作模型的法线贴图和 MRA 贴图。MRA 贴图包含两个重要贴图类型，分别是金属度贴图和粗糙度贴图。这两种贴图都是利用黑白两种颜色来控制材质的质感。

3. 材质制作

具体操作步骤如下。

（1）金属主要控制物体表面的反射清晰度，使物体看上去更趋近于金属或者非金属。而粗糙度贴图则是控制物体表面的粗糙情况。如图 5-2-8 和图 5-2-9 所示。

图 5-2-8

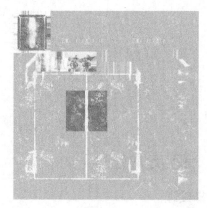
图 5-2-9

（2）将这两张贴图合并成一张 MRA 贴图。合并的方法是根据引擎中材质球的蓝图编写来控制。一般情况下，是将金属度贴图放到红通道位置，将粗糙度贴图放到绿通道位置。然后通过引擎的材质球分别去识别这两张贴图。如图 5-2-10 所示。

图 5-2-10

（3）模型和贴图制作完成后，将其导入到 UE4 引擎当中。按照规范赋予材质。将各种类型的文件分门别类地进行放置，包括模型文件、贴图文件、材质球。模型文件可以分为房型文件、家具文件以及小物文件。这么做的目的是养成一个良好的制作项目的规范，方便文件的管理和查找。如图 5-2-11 所示。

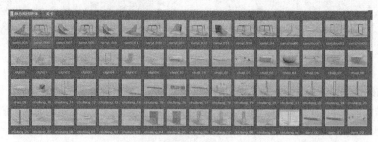
图 5-2-11

（4）在材质的赋予阶段，首先需要在引擎当中编写好使用的材质球蓝图，需要将各种贴图链接到相应的位置。基本方法参照前面的章节。然后生成材质球案例，并以此为母材质球，对后面的材质球进行编辑。如图 5-2-12 所示。

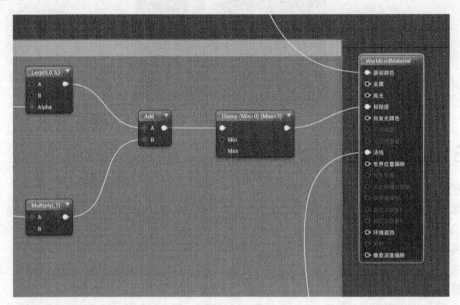

图 5-2-12

（5）将导入的贴图分别贴在对应的材质球上，这也是比较复杂和漫长的过程。材质球分别赋予对应的物体上，注意材质 ID 的设置。物体的材质 ID 应该是在 3ds Max 文件中设置完毕的。如图 5-2-13 所示。

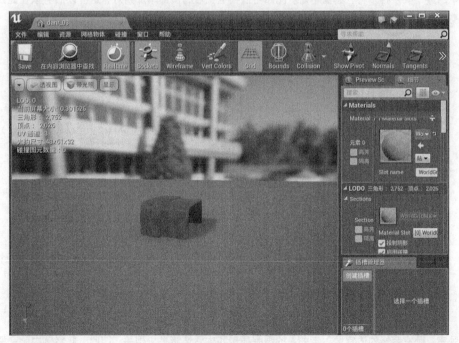

图 5-2-13

（6）一些特殊的材质球，例如金属、玻璃等，不需要通过以上方法进行编译。可以对其分别进行蓝图编写，此类材质球蓝图相对比较复杂。如图 5-2-14 所示。

图 5-2-14

5.2.3 场景搭建

具体操作方案如下。

（1）按照原始户型图，制作整套 VR 室内建筑场景。场景基本可以划分为若干区域，包括客厅、卧室、厨房、餐厅、卫生间等。要保证每个房间的装修风格统一。按照设计图纸 CAD 文件进行物品摆放，基本的房间安排一定要合理。

（2）客厅，也称起居室，它是家居生活的核心区域。因此，客厅的布置显得举足轻重。这里，选择清新且简洁的风格进行设计。

设计中选用了两种浅颜色的壁纸。一种为褐色布纹理壁纸，另一种为黑白相间的仿砖形壁纸。

客厅中，按照布局摆放家具，沙发、电视柜、茶几等家具必须要有。可以在茶几下放置地毯，在客厅的墙边放置储物柜，墙上挂上装饰用的画，添加整体场景的丰富性。

客厅中的摆件要多种多样，尽量丰富。比如可以在电视墙的顶部添加射灯，这样以后可以在此处添加聚光灯，以提高整体品质。如图 5-2-15 所示。

图 5-2-15

（3）卧室。卧室装修的适宜度，与主人的睡眠质量和生活情绪息息相关。因此，此案例中卧室的整体风格颜色以柔和为主。卧室的基本功能主要分为两个方面：一方面，它必须满足休息和睡眠的基本需求；另一方面，它必须适于休闲、工作和卫生保健等综合需要。

壁纸选择了两种。一种为和客厅风格统一的壁纸；另一种为带有简单图案、颜色相对简洁的壁纸。在家具方面，床是最主要的部分，所以床的设计至关重要。这需要在之前的素材采集以及模型制作时，就选择好素材并制作好。床上用品的选择，应该符合整个房间的主体色调。床的两边放置床头柜，同样要保证风格统一。如图 5-2-16 所示。

图 5-2-16

为满足功能性需求，卧室中的衣柜也是必须的。此处选择的木纹颜色的衣柜，符合整体装修风格。

另外，在床的对面做了装饰墙，以及小巧的储物柜。在墙面上，用挂画作装饰，使得整体场景更为丰富。如图 5-2-17 所示。

图 5-2-17

（4）餐厅和厨房相邻，摆放基本的家具，如餐桌和餐椅。它们的整体风格和颜色，参考客厅的布置。因为餐厅和客厅相邻，所以它们的基本颜色要保持一致，仍然是以简洁明了的风格为主。并在餐厅的墙上添加装饰品。如图 5-2-18 所示。

（5）厨房。此案例中厨房空间相对狭小，放置基本的橱柜和冰箱即可。如图 5-2-19 所示。

（6）卫生间。马桶、洗手盆、壁柜、镜子等家具是必要的。可以添加的小物件包括毛巾、肥皂、抽纸等。如图 5-2-20 所示。

图 5-2-18

图 5-2-19

图 5-2-20

（7）其他房间。包括次卧、储藏室、玄关等，基本原则也是整体风格统一，颜色不要脱离现有房间的整体格调。如图 5-2-21 所示。

图 5-2-21

5.2.4 灯光布置

在白天天气晴朗的情况下，室内的照明主要有两个：一个是 sky Light（天光），另一个是 DirectionalLight（定向光源）。因此主要模拟的就是这两种光线，所对应的是两种不同的光线的阴影。如图 5-2-22 所示。

图 5-2-22

在 UE4 引擎中，添加最基本的天空光源模拟整体天空的光照效果，添加定向光源模拟阳光照射的效果。具体操作步骤如下。

（1）在光线的入口处加几盏聚光灯，模拟太阳照射进房间内的光照，一般在窗户的位置添加。多个聚光灯可以模拟天光从各个角度均匀照射的特性。如图 5-2-23 所示。

（2）聚光灯的另外一个用途就是模拟射灯效果。在电视墙、装饰墙等位置添加了射灯，所以就需要在同等位置添加聚光灯，用来模拟射灯的光照效果。如图 5-2-24 所示。

（3）同时可以在房间内，添加若干反光球。反光球的作用就是加强附近物体的反光效果。这样，可以使得物体看起来更加真实。如图 5-2-25 所示。

图 5-2-23

图 5-2-24

图 5-2-25

（4）室外环境的添加，需要制作环形的类似幕布的模型，并将其放置到场景中。然后赋予模型室外场景的照片。场景照片应该是室外的环境长图，要求图片能够包裹场景一圈。如图 5-2-26 所示。

（5）对整体场景进行光照构建。场景中的光照需要反复调整，以达到满意的效果。光照的品质可以先设置为预览模式，然后选择仅构建光照。这样可以使构建过程缩短，更快地看到构建后的效果。如图 5-2-27 所示。

图 5-2-26　　　　　　　　　　　　　　　　图 5-2-27

至此，整套的室内场景制作完毕。此场景以一整套家装效果作为案例，装修风格以现代简约为主，整体颜色以温馨、淡雅为主。突出了家具的功能性，并兼顾了舒适性。

5.2.5　分析总结

总结整套制作流程，首先是搜集素材阶段，在搜集素材的同时可以加入自己的设计速录。然后就是模型及贴图制作阶段，此阶段也是整个流程中最重要的部分。要求模型的精细程度以及尺寸的正确性。之后，就是引擎的制作阶段，此阶段影响最后整套场景的最终效果和品质。如图 5-2-28 所示。

图 5-2-28

VR 的技术对家装设计拥有超现实的优势，让用户切身体会"真实的装修环境"，迎合了用户的实际需求，大大提高了用户体验。如图 5-2-29 所示。

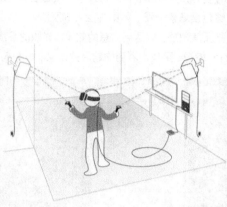

图 5-2-29

对于消费者来说，VR 技术可以解决装修用户难以体验装修效果的痛点，他们能够自主"DIY"他们的新家并对新家进行"预览"，实现真正的"所见即所得"。家居建材的价格也在"试装"过程中同步呈现，信息透明度得到很大地提高。此外，用户也能直观地与设计师沟通，对个性化的装修诉求也能够准确地描述和沟通，避免因前期对设计细节把握不准而导致的纠纷。

对设计师来说，VR 技术可以大大提高自己设计装修方案的效率，与用户也能实现零障碍沟通。

对家装/家具企业来说，一方面，由于门店需要负担店面租金、人员成本等支出，而这部分花费能占到整体成本的 50%左右，而 VR 家装却可以让整体成本下降到 10%。另一方面，通过 VR 技术，普通导购也能自主进行软装方案设计，这大大降低了装修公司的人力成本。

由此可见，VR 技术在家装行业中的应用对整个行业的服务质量和效率有巨大的提升，这也是 VR 技术备受家装行业青睐的主要原因。可以说，VR 技术所带来的独特的"虚拟现实+家装"的形式，必将给家装行业带来更多的新意和变化。